广东省水利工程
白蚁防治建设管理报告
大纲汇编

李 彬　赖翼峰　苏忠辉　梁超武　吴舅槐
蔡美仪　魏 芳　周嘉威　董 明　　主编

中国水利水电出版社
www.waterpub.com.cn
·北京·

内 容 提 要

本书汇集了广东省水利工程蚁害鉴定，白蚁防治专题设计、施工管理、建设监理、建设管理、验收、招标、投标等报告和文件的编制大纲，以及合同范本、招标文件格式、无蚁害堤坝鉴定验收意见书（修订）等格式文本。

本书主要用于规范和指导广东省水利工程白蚁防治蚁害鉴定及建设管理方面专题内容的编制，为水利工程建设管理部门、白蚁防治单位和水利工程设计、监理、施工等单位从业人员提供规范统一、内容翔实、可操作性强的参考资料，也可作为水利工程技术人员和白蚁防治人员培训的参考教材。

图书在版编目（ＣＩＰ）数据

广东省水利工程白蚁防治建设管理报告大纲汇编 /
李彬等主编. -- 北京 : 中国水利水电出版社，2018.12
　　ISBN 978-7-5170-7221-8

　Ⅰ. ①广… Ⅱ. ①李… Ⅲ. ①水利工程－白蚁防治－
工程管理－广东 Ⅳ. ①TV698.2

中国版本图书馆CIP数据核字(2018)第274938号

书　名	**广东省水利工程白蚁防治建设管理报告大纲汇编** GUANGDONG SHENG SHUILI GONGCHENG BAIYI FANGZHI JIANSHE GUANLI BAOGAO DAGANG HUIBIAN	
作　者	李　彬　赖翼峰　苏忠辉　梁超武　吴舅槐 蔡美仪　魏　芳　周嘉威　董　明　主编	
出版发行	中国水利水电出版社 （北京市海淀区玉渊潭南路1号D座　100038） 网址：www.waterpub.com.cn E-mail：sales@waterpub.com.cn 电话：(010) 68367658（营销中心）	
经　售	北京科水图书销售中心（零售） 电话：(010) 88383994、63202643、68545874 全国各地新华书店和相关出版物销售网点	
排　版	中国水利水电出版社微机排版中心	
印　刷	北京合众伟业印刷有限公司	
规　格	184mm×260mm　16开本　8.5印张　148千字	
版　次	2018年12月第1版　2018年12月第1次印刷	
印　数	0001—1200册	
定　价	**38.00元**	

前　　言

　　"千里之堤，毁于蚁穴"，这是古人对白蚁危害的认识和对后人的警示。在我国，白蚁危害曾引发堤坝溃决等灾难性事故，特别是在汛期，造成堤坝渗漏、管涌、牛皮涨、跌窝、滑坡等险情的事例屡见不鲜。据不完全统计，1949 年以来，全国因白蚁危害而垮坝的水库数量多达 500 余座，给人民群众生命财产造成过重大损失。

　　广东省属于东亚季风区，从北向南分别为中亚热带、南亚热带和热带气候，雨量充沛，气候温湿，非常适合白蚁繁殖生长。广东省水利工程蚁害严重，因白蚁决堤溃坝的例证不少。2011 年广东省（除深圳外）堤坝白蚁情况普查结果表明，存在蚁患的工程（蚁害程度为 2～3 级）占普查工程总数的 65%。

　　广东省水库大坝、堤防以土质堤坝居多，白蚁危害范围广，防治工作任务重、责任大，蚁害带来的工程安全隐患引起了社会各界的高度重视，国家、社会媒体、人民群众等对公共安全的关注度越来越高。历年来，广东省各级水行政主管部门和工程管理单位十分重视水利水电工程白蚁防治工作，并把它作为工程建设管理的一项重要工作来抓，建立了白蚁防治机构和规章制度。经过 30 多年的努力，水利水电工程白蚁防治工作取得了一定的成效。但水利工程白蚁防治规程规范和管理制度仍不完善，主要表现为：白蚁防治实施过程管理不规范，要求不一，资料报告文件格式繁杂，缺少规范统一的蚁害鉴定报告、白蚁防治专题设计报告、施工管理报告、建设监理报告、建设管理报告、验收报告等编制大纲和招标文件、投标文件及合同等文本，其档案资料也不满足检查、稽查、审计和归档等的要求，不能为工程建设和运行管理提供可靠的资料依据。

　　因此，为了做好广东省水利工程白蚁防治工作，规范水利工程白蚁防治建设管理文件编制，统一格式和要求，在系统收集和总结广东省白蚁防治工作经验的基础上，特组织编写了广东省水利工程白蚁防治建设管理报告大纲，供全省各地参考使用。

本书由广东省水利水电技术中心和广东省水利水电科学研究院组织人员共同编写。编写人员以现行的法律法规、文件以及标准为指引，结合本书编写组多年来对水利白蚁防治建设管理的心得和经验总结，编制了一套较为全面和系统的建设管理报告大纲。

本书在编写过程中得到了各方面的支持和帮助，特别是广东省水利厅政务服务中心潘运方副主任、廉江市广鹤水利白蚁防治工程公司庞立强技师、雷州青年运河管理局梁光旺高工、佛山市颢源白蚁防治有限公司邓海元技师、惠州市宏禹白蚁防治有限公司郑煜技师对本书的编制提出了许多宝贵的意见和建议，在此一并表示衷心的感谢！

鉴于作者水平所限，本书不足之处敬请见谅，期盼各位专家、读者指正并提出宝贵意见。

编者
2018 年 11 月

目　　录

一　水利工程白蚁
蚁害安全鉴定报告编制大纲
（鉴定单位）

目 次

1 总 则

1.0.1 为做好广东省水利工程白蚁蚁害安全鉴定工作，规范和指导其技术工作的内容、方法和标准（准则），编制本大纲。

1.0.2 本大纲适用于广东省大、中型水利工程的白蚁蚁害安全鉴定，小型水利工程白蚁蚁害安全鉴定可参照执行。

1.0.3 水利工程白蚁蚁害鉴定可分为以下 5 种类型：

    1 新建工程设计前期的白蚁蚁害调查鉴定。

    2 已建工程改扩建设计前期的白蚁蚁害调查鉴定。

    3 已建工程安全评价阶段的白蚁蚁害鉴定。

    4 已建工程日常运行管理过程中的白蚁蚁害鉴定。

    5 已建工程白蚁防治项目实施后的白蚁蚁害鉴定。

    本大纲主要针对已建工程安全评价阶段的白蚁蚁害鉴定，其他类型的蚁害安全鉴定可参照执行。

1.0.4 水利工程蚁害安全鉴定范围：包括但不限于水库大坝和河道堤防、水闸、泵站、电站及其机电设备和连接堤，以及灌区高填方渠道及渠系建筑物、工程管理房屋和防汛物资仓库等。

1.0.5 已建工程蚁害安全鉴定周期：水利工程竣工验收后每隔 5～8 年应进行一次蚁害安全鉴定。

1.0.6 蚁害安全鉴定工作，应由水利工程业主单位负责组织，通过聘请有关专家组成专家组开展，也可以按有关规定委托相关单位（以下称鉴定单位）开展。

1.0.7 专家组应由水利白蚁防治专业技术人员组成，大、中、小型水利工程蚁害安全鉴定专家组总人数分别为 7 人、5 人、3 人，且相应专家组组长必须由具有水利工程（或昆虫学）高级、中级、初级或以上技术职称的水利白蚁防治专业技术人员分别担任。

    水利白蚁防治专业技术人员是指熟悉广东省水利白蚁防治"三环节八程序"技术原理以及从事水利白蚁防治工作 3 年以上并具有初级或以上技术职称（含国家职业资格）的人员。

1.0.8 鉴定组织单位负责下列各项工作：

    1 筹集蚁害安全鉴定费用，制定蚁害鉴定工作计划，并组织实施。

2 确定白蚁蚁害安全鉴定单位，下达蚁害安全鉴定任务。

3 向鉴定承担单位提供必要的基础资料。

4 组织蚁害鉴定单位进行蚁情调查及编写蚁害安全鉴定报告。

5 组织对蚁害安全鉴定报告进行审查或验收，编写蚁害鉴定工作总结并上报该工程上级水行政主管部门备案（大、中型水利工程蚁害安全鉴定报告须同时报省水利工程白蚁防治中心备案）。

1.0.9 鉴定单位负责下列各项工作：

1 开展蚁害现场检查（调查）工作，填写白蚁蚁害安全鉴定登记表。

2 收集有关资料，并根据需要开展探测、检测、试验等工作。

3 按有关技术标准对蚁害程度进行评价，提出蚁害安全鉴定报告并形成初步鉴定结论。

4 按鉴定审查或验收意见，补充相关工作，修改蚁害安全鉴定报告再形成最终鉴定结论。

1.0.10 蚁害安全鉴定报告应包括：

1 概述。

2 基本情况。

3 蚁情检查。

4 白蚁防治工程评价。

5 蚁害安全综合评价。

6 附件及有关资料。

1.0.11 本大纲的规范性引用文件主要有以下标准：

GB 50265《泵站设计规范》

GB 50286《堤防工程设计规范》

GB 50288《灌溉与排水工程设计规范》

GB/T 30948《泵站技术管理规程》

SL 106《水库工程管理设计规范》

SL 170《水闸工程管理设计规范》

SL 171《堤防工程管理设计规范》

SL 214《水闸安全评价导则》

SL 253《溢洪道设计规范》

SL 258《水库大坝安全评价导则》

SL 265《水闸设计规范》

SL 274《碾压式土石坝设计规范》

SL/Z 679《堤防工程安全评价导则》

1.0.12　水利工程蚁害安全鉴定报告编制，除应参照本大纲标准外，尚应符合国家现行有关标准的规定。

2　概　　述

2.1　前　　言

2.1.1　鉴定报告编制的目的和意义

从白蚁防治责任与义务、防治对策与技术、建设管理、监督检查、验收和审计等方面说明白蚁蚁害安全鉴定编制的目的和意义。

2.1.2　水利工程管理单位及鉴定单位简介

简要介绍水利工程管理单位基本情况，包括工程管理单位的类别和性质、管理体制、行政隶属关系、组织机构及人员编制等内容。

简述蚁害鉴定单位基本情况，包括营业范围、组织机构、人员构成、白蚁防治及蚁害鉴定工作业绩等情况。

2.1.3　项目背景及缘由

项目背景应阐明鉴定项目所在地理位置、流域水系、工程任务及规模、工程布置及主要建筑物等。

项目缘由应说明白蚁蚁害鉴定项目的缘由，以及项目发包方式（直接委托、邀请招标、公开招标或其他）和任务要求。

2.2　鉴　定　依　据

2.2.1　国家有关法律、法规及省市有关规定，主要包括（但不限于）：

1　《关于重视堤坝工程防治蚁害的通知》（水电部〔1987〕29号）。

2　《关于进一步加强堤坝白蚁防治，确保工程防洪安全的通知》（水利部水利管理司〔1996〕40号）。

3　《水利部办公厅关于加强水利工程白蚁防治工作的通知》（办建管函〔2015〕846号）。

4　《关于把堤坝白蚁防治列入工程安全鉴定工作内容的通知》（粤水管〔2002〕92号）。

5 《关于进一步做好我省水利工程白蚁防治工作的通知》（粤水建管〔2012〕55号）。

6 《广东省水利厅关于水利工程白蚁防治的管理办法》（粤水办〔2015〕6号）。

2.2.2 蚁害鉴定所依据的主要技术规范和标准，主要包括（但不限于）：

1 SL 258《水库大坝安全评价导则》。

2 SL/Z 679《堤防工程安全评价导则》。

3 SL 214《水闸安全评价导则》。

4 DB44/T 1095《堤防工程安全评价导则》。

5 SL 210《土石坝养护修理规程》。

6 SL 551《土石坝安全监测技术规范》。

2.2.3 其他有关资料

其他有关资料包括相关技术报告及批复文件，如建设单位（业主）提供的前期工作、设计资料和审批文件，工程管理单位提供的工程运行管理、历次白蚁防治和蚁害安全鉴定等资料，委托书和委托合同等。

2.3 技术路线及工作内容

2.3.1 技术路线

简述蚁害鉴定采用的技术路线，包括所采用的基本资料、蚁害检查方式、分析、计算及试验手段等。

2.3.2 工作内容

简述蚁害鉴定的主要工作内容、提交的主要技术成果。

3 基 本 情 况

3.1 自 然 环 境 概 况

3.1.1 简述工程所在流域水系、地形地貌、工程地质、水土流失情况等。

3.1.2 简述项目区土壤环境，主要说明土壤类型、土壤特性等。

3.1.3 简述水利工程所处气候条件，包括温度、湿度、降水、光照等。

3.1.4 简述项目区生物环境，说明区域植被覆盖情况、植物种类、动物类型等。

3.2　水 利 工 程 概 况

3.2.1　工程概况按新建水利工程和已建水利工程划分。

3.2.2　新建水利工程概况主要包括以下内容：

　　1　简要介绍工程基本情况，主要包括建设工程名称、建设单位、地理位置（并附地理位置图）、地理坐标，建设目的与性质、工程任务和建设内容、等级与规模、总投资及建筑工程投资、建设工期等，并附工程特性表。

　　2　简要介绍工程布置，包括主体及附属工程布置、主要建筑物结构形式、基础处理设计情况等。

　　3　简述施工组织设计情况，主体工程施工布置和主要施工工艺。重点介绍施工营地、材料堆放场地、取土（石、料）场、弃渣场等布置情况。

3.2.3　已建水利工程概况主要包括以下内容：

　　1　简要介绍工程基本情况，主要包括建设工程名称、建设单位、地理位置（并附地理位置图）、地理坐标，工程任务、等级与规模、工程布置、主要建筑物等，并附工程特性表。

　　2　简要介绍工程施工情况，包括施工时间、主体工程施工方法、基础处理方案、施工过程中发生的主要质量问题及处理措施等。

　　3　简述工程运行管理情况，包括运行管理制度制定与执行情况，工程管理与保护范围，主要管理设施，运行期间发生的事故情况与处理措施。

3.3　蚁害历史及防治情况

3.3.1　简述蚁害历史情况，主要包括以下内容：

　　1　历年蚁害发生的时间、地点及发现的蚁种等。

　　2　历年白蚁活动迹象、危害程度。

3.3.2　简述历次蚁害安全鉴定时间、过程及主要结论。

3.3.3　简述历次白蚁防治情况，主要包括以下内容：

　　1　白蚁防治设计情况，包括白蚁防治时间、白蚁防治技术方案。

　　2　白蚁防治施工情况，包括白蚁防治施工管理、监理及验收情况。

　　3　白蚁防治效果情况及主要存在问题。

4 蚁 情 检 查

4.1 一 般 规 定

4.1.1 蚁情检查内容应包括蚁害现场检查和现状调查分析。

4.1.2 蚁害现场检查应采用现场查勘、仪器检测等方式，并填写水利工程白蚁蚁害安全鉴定登记表（附录 A），对调查情况进行记录。

4.1.3 现状调查分析是在现场检查成果的基础上，结合自然地理条件、生物学因素，分析白蚁危害的程度，研判发展趋势。针对发现的工程安全问题、隐患和疑点，提出需进一步检测、复核计算的内容和要求。

4.2 蚁 害 现 场 检 查

4.2.1 蚁害检查时间

根据危害广东省水利工程白蚁的种类及其生物学特性，白蚁蚁害鉴定项目的调查、检查时间宜安排在 3—6 月或 9—11 月。

4.2.2 蚁害检查范围

新建工程白蚁蚁害鉴定的检查范围主要包括工程建筑物所在区域、土料场及堆料场区域范围。已建工程的主要检查范围包括水库大坝、水闸、堤防、高填方渠道等主体工程、主要蚁源区以及水利工程管理用房等，具体范围划定可参照《广东省水利厅关于水利工程白蚁防治的管理办法》的相关内容。

4.2.3 蚁害检查内容

蚁害检查内容主要包括（但不限于）：

1 检查工程主体是否有湿坡、牛皮涨、散浸、漏水、跌窝等现象，辨析是否因白蚁危害引起。

2 检查工程主体及其周边地区白蚁活动时留下的痕迹，辨别蚁种。

3 检查水库大坝、江河堤防迎水面浪渣中是否有白蚁蛀蚀物。

4 检查工程主体及蚁源区泥线、泥被、分群孔和真菌指示物等。

5 检查金属结构、机电设备等其他水利设施，以及办公管理房屋、防汛物资仓库等附属设施范围白蚁活动痕迹，辨别蚁种。

6 检查新建或改扩建工程土料场及堆料场区域范围白蚁活动痕迹，辨别蚁种。

4.2.4　蚁害检查方法

根据工程特性、现状和白蚁蚁害鉴定类型、范围等，合理选择蚁害检查方法。具体操作流程和注意事项应详细表述在鉴定报告中。

蚁害检查方法主要有：人工法（外露特征法、表层翻挖法）、引诱法（引诱堆、引诱桩、检测盒）、仪探法。

1　外露特征法：由白蚁防治专业技术人员在工程主体及蚁源区，根据白蚁活动时留下的地表迹象和真菌指示物来判断是否有白蚁危害。

2　表层翻挖法：在白蚁经常活动的部位，用铁锹或挖锄将白蚁喜食的植物根部翻开，查看是否有活白蚁及蚁路等活动迹象。

3　引诱堆：把引诱物直接放在大坝背水坡、堤防内外坡的表面，用土块或石块压好。平均每 $50m^2$ 坝面设置一处。

4　引诱桩：把白蚁喜食的带皮干松木桩一端削尖，直接插入工程土体内。平均每 $50m^2$ 坝面设置一处。

5　检测盒：把多种白蚁喜食物装入 $20cm \times 15cm \times 10cm$ 盒体内，盒体底部开 4 个白蚁通道，方便白蚁进出，每 $50m^2$ 坝面设置一处，埋于地表下 $10 \sim 20cm$ 即可，三天后检查白蚁取食情况。

6　仪探法：应用探地雷达、高密度电阻率法等仪器探测白蚁巢穴。

4.2.5　蚁害检查技术

检查技术除人工寻找外露特征外，可结合"以引代找"的堤坝白蚁检查防治技术措施进行寻找。

4.2.6　检查实施过程

1　检查工作的组织实施。

白蚁蚁害检查工作的组织实施应由鉴定承担单位负责。具体参与检查工作的人员应该根据实现白蚁蚁害鉴定项目合同的目标、任务和工期等合理配备，人员构成主要包括但不限于项目负责人、技术负责人、项目实施人员等，各级人员的职责予以明确，同时也要做好调查、检查现场记录和资料整理等工作。

2　检查工作的实施过程。

详细介绍白蚁蚁害检查实施过程，包括主要使用的设备及引诱物、技术保证措施、质量和安全保证措施、文明施工及环境保护等相关内容。

4.2.7　检查结果

白蚁蚁害检查实施过程中记录检查结果：

1　检查时应在有白蚁活动迹象或仪器探测到有白蚁隐患的位置做好记

录，并设置明显的标记或标志。

2 检查进行中，应现场测绘白蚁活动迹象分布图（样式及图例见附录B），标注白蚁活动位置和迹象类型。

3 根据害虫分飞时间、被害物、外露特征及虫害标本，确定是否白蚁危害或确定到白蚁的种类、科属。

4.3 蚁害现状调查分析

4.3.1 根据水利工程所处地理环境及土壤性质等，评价工程地理条件是否适宜白蚁的生长繁殖。

4.3.2 根据水利工程所处气候条件，包括温度、湿度、降水、光照等，评价是否适宜白蚁的生长繁殖。

4.3.3 根据蚁害检查情况所得白蚁种类，分析白蚁的栖息、取食、活动、分飞等习性。

4.3.4 分析白蚁与水利工程周边其他生物因素之间的关系，主要包括白蚁食源、共生物、天敌等。

4.3.5 根据白蚁发生年代、被害物、外露特征、分飞数量等，对工程白蚁危害情况进行分析。

4.4 蚁害程度评价

4.4.1 白蚁危害程度分为三级：一级为无蚁害；二级为中轻度危害；三级为严重危害。

4.4.2 检查时达到如下标准者为一级（无蚁害工程）：工程堤坝及其周边50m范围，已查不到白蚁活动迹象，白蚁防治工作已进入预防（诱杀堤坝周边200m范围内蚁源区）为主阶段的工程。

4.4.3 至少满足下列情况之一的白蚁危害定为二级（中轻度危害）：

1 工程主体坡面上发现少量分群孔（平均每 $2000m^2$ 坝面多于1处）。

2 工程主体坡面上发现泥线、泥被、鸡枞菌等白蚁活动迹象（平均每 $1000m^2$ 坝面多于1处）。

3 主体工程周边50m蚁源区30％以上存在白蚁危害。

4.4.4 至少满足下列情况之一的白蚁危害定为三级（严重危害）：

1 因白蚁危害造成堤坝散浸、牛皮涨、管涌、滑坡等危害水利工程安全的险情。

2 工程主体坡面上发现众多分群孔（平均每 $200m^2$ 坝面多于1处）。

3　主体工程坡面泥线、泥被、鸡枞菌分布比较密集（平均每100m² 坝面多于1处）。

4.4.5　根据白蚁危害程度，针对发现的工程安全问题、隐患和疑点，提出需进一步进行安全复核计算的内容和要求。

5　白蚁防治工作评价

5.1　一　般　规　定

5.1.1　白蚁防治工作评价应对水利工程投入运行后的白蚁防治管理工作进行全面的检查和评价，应明确安全评价的重点，并作为水利工程蚁害安全综合评价的依据之一。

5.1.2　防治工作评价应重点考评白蚁防治运行管理有关制度的制定、落实情况以及发现问题的处理情况，应涵盖工程整个运行期，并重点评价工程现状。

5.2　防　治　工　作　检　查

5.2.1　应检查水利工程的白蚁防治组织措施、技术措施、防治经费、计划安排、人员配备及其防治效果等情况。

5.2.2　组织措施主要内容应包括白蚁防治管理体制、管理机构设置和规章制度及其落实情况。

5.2.3　技术措施应包括以下主要内容：

　　1　对存在白蚁危害的水利工程执行的防治技术。

　　2　进行白蚁蚁害检查、监测、隐患探测等所需的仪器设备配备情况。

　　3　经常检查、定期检查、不定期检查、特别检查的频次、内容和方法。

　　4　白蚁蚁害检查、监测、防治等资料整编情况。

5.2.4　白蚁防治经费应由水利工程管理单位负责落实。管理单位应积极与相关部门沟通，多渠道筹措防治经费，为白蚁防治提供资金保证，确保防治资金专款专用。

5.2.5　水利工程管理单位应根据白蚁防治目标任务，制订一定时期的（年度、季度）防治计划安排，并按计划组织实施落实。

5.2.6　人员配备主要检查以下内容：

　　1　负责白蚁防治工作的人员数量、结构及技术水平是否满足防治工作要求。

2 建立人员技术培训制度，提高人员白蚁防治的技术水平和能力。

5.2.7 防治效果主要评价白蚁防治工作是否满足无蚁害堤坝验收标准和"安全环保、防治结合、综合治理、持续防控"的原则要求。

5.3 防治工作评价

5.3.1 白蚁防治工作应符合下列要求：

1 按要求制定相应的白蚁防治规章制度，并有专人负责实施，档案管理工作达到有关标准要求。

2 防治经费落实，防治管理设施和设备完备，人员配备齐全。

3 计划安排明确，并按要求实施，能够及时发现白蚁蚁情并有效处置隐患，防治效果明显。

5.3.2 综合上述三款对白蚁防治工作进行评价，三款都做得好的，评为好；大部分做得好的，评为较好；大部分未做到的，评为差。

6 蚁害安全综合评价

6.0.1 蚁害安全综合评价应在蚁害现状调查、白蚁防治工作评价基础上进行。

6.0.2 蚁害安全综合评价可分为三类：一类为安全；二类为基本安全；三类为不安全。

1 一类：工程达到无蚁害标准并通过达标验收，白蚁防治工作已进入预防为主阶段，按正常白蚁防护措施进行即可保证正常运行。

2 二类：工程存在中轻度蚁害，但不危及工程安全，经白蚁灭杀治理后可正常运行。

3 三类：工程存在严重蚁害，已危及工程结构安全，急需进行白蚁防治或除险加固，才能正常运行。

6.0.3 蚁害安全综合评价分类应符合下列要求：

1 蚁害程度为一级，且白蚁防治工作评价为好，综合评价为一类。

2 蚁害程度为二级，综合评价为二类。

3 蚁害程度为三级，综合评价为三类。

6.0.4 根据上述标准形成鉴定结论，对于蚁害安全综合评价为二类、三类的水利工程，应提出白蚁防治建议与处理前的应急措施，并根据防治工作评价结果对工程管理提出建议。

6.0.5 如委托鉴定合同未要求对鉴定结果进行复核或评审，则该结论可视作正式鉴定结论；若委托鉴定合同约定，在鉴定承担单位鉴定完成后，还需对该鉴定结果进行复核或者评审，则该鉴定结论视为初步鉴定结论。

7　附件及有关资料

7.0.1 安全鉴定检查日志及安全鉴定登记表。

7.0.2 白蚁危害分布图（严重危害程度以上的要附详细图）。

7.0.3 白蚁蚁害安全鉴定检查现场及相关照片、视频资料。

7.0.4 白蚁蚁害安全鉴定专家签名表。

7.0.5 白蚁蚁害安全鉴定专家组组长学历及职称证书复印件。

附录 A 白蚁蚁害安全鉴定用表

A.1 广东省水库白蚁蚁害安全鉴定登记表

水库名称			主管部门	
估计白蚁巢数 （按分群孔、鸡枞菌处数 推断，一处一巢）	合计	主坝	副坝	其他
水库类型		危害程度	穿坝高程	穿坝桩号
主要蚁害现状				
分群孔、鸡枞菌分布平面示意图（标明高程、桩号，可列表）				
泥线、泥被分布平面示意图（标明高程、桩号，可列表）				

水库白蚁蚁害安全鉴定结论
（判断白蚁危害程度、大坝类别）

白蚁蚁害安全鉴定专家组组长签名：

年　月　日

水库管理单位意见
（提出白蚁防治措施）

水库管理单位负责人签字（单位盖章）：

年　月　日

A.2 广东省堤防（渠道）白蚁蚁害安全鉴定登记表

堤防名称		管理单位		堤防级别	
检查起点		检查终点		检查长度	
估计白蚁巢数 （同水库推断办法）		危害程度		是否穿堤	
穿堤高程			穿堤桩号		

主要蚁害现状

分群孔、鸡枞菌分布平面示意图（标明高程、桩号，可列表）

泥线、泥被分布平面示意图（标明高程、桩号，可列表）

堤防（渠道）白蚁蚁害安全鉴定结论 （判断白蚁危害程度、堤坝类别）
白蚁蚁害安全鉴定专家组组长签名： 　　　　　　　　　　　　　　　　　　　　　年　月　日
管理单位意见 （提出白蚁防治措施）   堤防（渠道）管理单位负责人签字（单位盖章）： 　　　　　　　　　　　　　　　　　　　　　年　月　日

附录 B　图　例　图　示

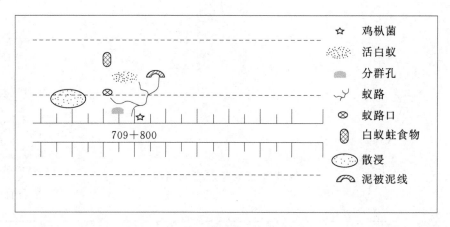

☆	鸡枞菌
	活白蚁
	分群孔
	蚁路
⊗	蚁路口
	白蚁蛀食物
	散浸
	泥被泥线

水利工程白蚁危害分布图图例

二　水利工程白蚁防治
专题报告编制大纲
（设计单位）

目　　次

1 总 则

1.0.1 为了做好水利工程白蚁防治工作，规范水利工程白蚁防治专题报告编制，加强水利工程白蚁防治管理，保障水利工程安全，编制本大纲。

1.0.2 本大纲适用于大、中型水库土石坝、江河与沿海土质堤防、高填方渠道、泵站、水闸等水利工程白蚁防治专题报告的编制，小型及其他水利工程可参照执行。

1.0.3 凡存在蚁害的新建、改建、扩建、除险加固、达标加固等水利工程在进行项目设计时，各阶段设计报告应按照建设无蚁害水利工程要求，将白蚁防治专项一并列入工程建设内容，所需费用列入投资概（估）算，并编制白蚁防治专题报告。

1.0.4 水利工程白蚁防治专题报告宜由具有水利工程设计资质的单位或在广东省水利工程白蚁防治中心建立信用档案的白蚁防治单位编制。

1.0.5 列入基本建设项目的水利工程白蚁防治按照基建程序组织实施，未列入基本建设项目的水利工程白蚁防治按工程管理维修养护项目实施。

1.0.6 白蚁防治应遵循"安全环保、防治结合、综合治理、持续防控"的原则。

1.0.7 水利工程白蚁防治专题设计应重视白蚁防治科研工作，鼓励采用新技术、新工艺和新材料，做到综合防治、安全环保、技术经济合理。

1.0.8 水利工程白蚁防治专题报告应包括以下内容：

  1 综合说明。

  2 基本情况。

  3 蚁情调查及分析。

  4 白蚁防治方案。

  5 施工组织。

  6 安全生产。

  7 白蚁防治工程管理。

  8 投资概（估）算。

  9 结论与建议。

1.0.9 本大纲主要引用以下标准：

  《广东省水利工程白蚁防治技术指南》

DB44/T 857《新建房屋白蚁预防技术规程》

1.0.10 水利工程白蚁防治专题报告编制除应参照本大纲规定外，尚应符合国家现行有关标准的规定。

2 综 合 说 明

2.0.1 绪言应概述以下内容：

    1 概述工程区自然地理、水文气象及社会经济概况。

    2 简述工程等别、建筑物级别、主要建设内容、水工建筑物等，着重介绍土质水工建筑物。

    3 简述白蚁防治的必要性和迫切性。

    4 说明专题报告编制工作的开展情况。

2.0.2 蚁情检查及分析应简述以下内容：

    1 蚁害历史调查情况。

    2 蚁情检查及分析。

    3 白蚁防治工作检查及评价内容。

    4 蚁害安全复核分析成果。

    5 蚁害综合评价结论。

2.0.3 白蚁防治方案应简述以下内容：

    1 白蚁防治责任范围及防治标准。

    2 总体设计思路。

    3 白蚁防治措施。

    4 白蚁监测设计。

2.0.4 施工组织应简述以下内容：

    1 施工条件。

    2 防治措施施工工艺。

    3 药物和器械。

    4 施工进度计划。

2.0.5 白蚁防治安全生产应简述白蚁防治药物和药械管理要求、安全生产措施、安全生产管理机构及相关制度建设要求等。

2.0.6 白蚁防治工程管理应简述管理机构及体制、运行管理、管理设施及设备、管理经费及来源等。

2.0.7 工程投资概（估）算应简述白蚁防治工程投资编制原则、依据和成果。

2.0.8 结论和建议应简述本白蚁防治专题设计的主要结论和建议。

3 基 本 情 况

3.1 工 程 区 概 况

3.1.1 简述工程所在流域水系、地形地理、工程地质、水土流失情况、土壤特性、植被等。

3.1.2 简述水利工程所处气象条件，包括温度、湿度、降水、光照等。

3.1.3 简述工程区社会经济概况，主要说明行政区划、人口状况、人均收入、经济结构、土地利用和支柱产业等情况。

3.1.4 简述项目区土壤类型和特性，说明周围环境的土壤状况，包括表层土壤厚度、土壤质地、土壤酸碱度等。

3.1.5 简述项目区树木、植被种类和生长状况。

3.2 水 利 工 程 概 况

3.2.1 简述工程设计情况，包括工程任务、建设规模、设计标准、工程等级、工程布置、水工建筑物结构形式、地基处理、工程设计特征值等，着重介绍土质水工建筑物，包括建筑物的种类及结构形式。

3.2.2 新建工程，需补充简述施工组织设计，对堤坝等土质水工建筑物，需说明取土场的情况。

3.2.3 已建工程，还需简述工程施工及运行管理情况。施工情况包括地基情况与处理措施，主体工程施工方法，施工中发生的主要质量问题与措施，历次工程安全鉴定、改扩建或加固情况等。运行管理情况包括运行管理制度制定与执行情况，工程管理与保护范围，主要管理设施，运行期间发生的事故情况与处理措施。

3.2.4 水库和堤坝工程，要说明建设的历史、坝长、内外坡护坡设施、施工方案与进度等。

3.2.5 简单介绍项目背景，项目开展的依据、理由及开展情况。

3.2.6 阐明工程建设的必要性和迫切性，包括本地区历史上发生的白蚁危害情况、险情发生情况及对经济社会造成的危害与影响，白蚁防治现状及存在的问题。分析本工程的白蚁防治效益及对地区经济社会发展的作用。

3.2.7 列出水利工程特性表。

4 蚁情检查及分析

4.1 蚁害历史调查

4.1.1 应通过查阅资料、现场查勘、走访相关单位和人员等方式，查明水利工程及周围环境的蚁害历史情况，包括近三年典型白蚁危害性及治理情况。

4.1.2 新建水利工程应重点调查拟建工程场址及周围环境、取土土源等是否发生过白蚁和危害，确定白蚁种类、种群密度、蚁患程度。

4.1.3 改、扩建工程及除险加固工程应重点调查主体工程区及周围环境，查明历次蚁情发生的时间、地点、白蚁种类、种群密度、蚁患程度及对工程的影响。

4.1.4 对于已经进行过白蚁防治的，应简述历次白蚁开展情况、防治方法、施工及验收情况，并分析各次防治的效果及存在的问题。

4.2 蚁情检查

4.2.1 蚁情检查内容和方法统一执行"三环节八程序"系统防治技术措施，即"找、标、杀""找、标、灌""找、杀（防）"，堤坝白蚁防治技术中的"找"是指找分飞孔、泥被泥线、候飞室、蚁道、指示菌等外露特征指示物，翻找喜食掩盖物，埋设引诱堆，摸清蚁害情况。

4.2.2 蚁情检查主要通过专项检查获得，白蚁专项检查应在水利工程新建、改建、扩建以及除险加固等项目主体工程设计阶段进行。

4.2.3 说明检查的人员组成、检查时间、检查范围、检查内容、检查方法、检查结果。

    1 检查人员：说明蚁情检查人员组成。

    2 检查时间：结合所采用的检查方式说明具体检查时间。

    3 检查范围：蚁害检查范围包含蚁患区和蚁源区，结合工程特点说明具体的检查范围。

    4 检查内容：主要有检查工程主体是否有湿坡、散浸、漏水、跌窝等现象；检查工程主体及周边地区白蚁活动时留下的痕迹；检查水库大坝迎水面浪渣中是否有白蚁蛀蚀物；检查规定范围内树木和植被上泥被泥线分布情况；检查工程表面泥被、泥线的分布密度、分群孔数量和真菌指示物等，检查内容应结合工程特点及工程实际情况进行。

　　5　检查方法：详细说明检查所采用的方法，如人工法或引诱法等。条件许可情况下可利用一些现代化的探测工具查找白蚁危害。

4.2.4　根据专项检查结果确定是否存在白蚁危害或确定白蚁的种类、科属、分布范围、危害情况等。

4.2.5　现场检查完成后应及时记录，编写专项检查报告，对重点蚁害地段的白蚁种类、蚁害程度进行重点分析，针对性地制定应急方案及整治方案。

4.2.6　已做过蚁害安全鉴定的，应说明原鉴定情况，并结合鉴定结论进行综合分析。

4.3　蚁　情　分　析

4.3.1　根据水利工程所处地理环境及土壤性质等，分析工程地理条件是否适宜白蚁的生长繁殖。

4.3.2　根据水利工程所处气候条件，包括温度、湿度、降水、光照等，分析是否适宜白蚁的生长繁殖。

4.3.3　根据蚁情查找情况所得白蚁种类，分析白蚁的栖息、取食、活动、分飞等习性。

4.3.4　分析白蚁与水利工程周边其他生物因素之间的关系，主要包括白蚁食源、共生物、天敌等。

4.3.5　根据蚁情检查结果，结合白蚁近期危害情况，对工程白蚁危害程度进行分类。

4.4　蚁　害　来　源　分　析

4.4.1　对已建工程，结合工程原施工情况分析说明工程修建前基础内是否存在白蚁隐患。

4.4.2　对改、扩建工程，分析说明工程在加高培厚时，基础内原有的蚁害是否经过处理及处理是否彻底等。

4.4.3　分析白蚁侵入方式，如分飞侵入、蔓延侵入或随土料带入等。

4.4.4　说明项目区工程管理现状，分析是否由于管理不善招来白蚁。

4.4.5 分析白蚁危害工程的方式，如通过检查工程主体是否有湿坡、牛皮涨、散浸、漏水、跌窝等现象，分析是否因白蚁危害引起。

4.5 白蚁防治工作评价

4.5.1 改、扩建及除险加固工程应检查水利工程投入运行后的白蚁防治管理工作，检查内容包括白蚁防治组织措施、技术措施、防治经费、计划安排、人员配备及其防治效果等情况。

4.5.2 根据白蚁防治工作检查情况，评价白蚁防治工作，提出白蚁防治工作存在的问题。

4.6 蚁害综合评价

4.6.1 根据上述蚁情调查及分析成果，提出蚁害综合评价结论，包含蚁害级别划分。

4.6.2 对于蚁害安全评价为二级（中度危害）、三级（严重危害）的水利工程，提出白蚁防治建议与处理前的应急措施。

4.7 新建工程蚁害风险评估

对新建工程，应增加工程施工前白蚁危害的风险评估，评估的重点是所选工程场址、场址周边山坡以及料场的白蚁危害情况。

4.7.1 所选场址的白蚁危害风险评估

结合主体设计中场址的工程地质条件评价，调查分析场址基础及周围山体内是否存在白蚁隐患及有无潜伏在深土里的白蚁群体。

4.7.2 场址周边山坡的白蚁危害风险评估

对场址周边山坡的白蚁危害情况进行调查和评估，分析是否有白蚁危害或白蚁侵入方式。

4.7.3 土料场和堆料场的白蚁危害风险评估

对土料场和堆料场进行白蚁危害风险评估，分析是否存在白蚁危害的情况及危害程度。

4.8 图 表 及 附 件

4.8.1 本章可附以下图：

    1 白蚁危害分布平面图。

    2 白蚁危害分布断面图。

4.8.2 本章可附以下表：

1 白蚁现场检查登记表（参照白蚁蚁害安全鉴定登记表）。

2 白蚁专项检查登记表。

4.8.3 本章可附以下附件：

1 蚁害现场检查日志。

2 蚁害安全复核分析报告。

3 专项检查现场相关照片、视频资料。

5　白蚁防治方案

5.1　设　计　依　据

5.1.1 概述主管部门对白蚁防治专项的相关要求、审批意见或白蚁蚁害安全鉴定结论及批复意见。

5.1.2 列出本次白蚁防治设计依据的主要技术标准及相关文件。

5.2　防治范围及防治标准

5.2.1 根据水利工程布置及蚁情调查情况，结合工程实际情况，明确白蚁防治范围及相应面积。

5.2.2 提出白蚁防治标准，明确白蚁防治效果要求及工程验收标准。

5.3　总　体　思　路

5.3.1 结合白蚁科属及其种类的危害特征，说明室外或室内为害对象及严重程度，分析白蚁对水工建筑物、办公楼、房屋基础、埋地电缆、门窗、家具、楼板、绿化植被、树木等的破坏情况及地下水位对白蚁的影响，根据为害对象及其破坏情况提出针对性的白蚁防治综合治理原则及防治方案总体设计思路。

5.3.2 采用新材料、新工艺进行白蚁防治的，应进行专题论证。

5.4　灭　治　措　施

5.4.1 根据水利工程蚁情调查情况，综合比选确定白蚁灭治原理、方法、详细治理措施及工作内容，包含新建工程施工前、已建工程施工中及施工后的治理措施。

5.4.2 各类水利工程建设项目主体施工前，应提出对主体工程（新建工程主要为基础）、周边环境和取土土料白蚁危害进行灭治的措施。

5.4.3 对存在白蚁危害的堤坝工程，统一执行"三环节八程序"系统防治技术措施，详细说明防治技术方法及实施内容。

5.4.4 堤坝白蚁防治严禁毒土灭蚁和挖巢捉蚁破坏堤坝。

5.4.5 条件许可情况下，可利用白蚁监测控制系统灭治白蚁，采用监控装置灭治白蚁前应制定灭治方案，方案内容包括危害白蚁种类，危害范围和程度，工程结构类型和周边山体白蚁危害情况，监控装置设置的位置、数量与布置图，装置安装后的检查与白蚁灭治方法，灭治效果评价与复查，后续的维护方法等。

5.4.6 根据水利工程附属房屋白蚁种类及其入侵途径，选定房屋白蚁灭治措施，条件许可情况下，可利用白蚁监测控制系统灭治白蚁。

5.4.7 汛期来临前发现蚁害严重时，应说明采取的应急处理措施。

5.4.8 列出白蚁灭治措施主要工程量。

5.5 预 防 措 施

5.5.1 白蚁防护措施包括以下内容：

1 新建或加固培厚的堤坝工程草皮护坡应选用不易长高的优良草种（如蜈蚣草）。

2 堤坝草皮护坡应勤加养护和修剪，及时拔除杂草、杂树，草皮护坡草长不得高于 15cm。

3 在不影响生态环境的前提下，在工程主体适合种植树木和植物的部位，栽种对白蚁具有驱避作用的林木和植物；在较大面积栽种树木时，应尽量营造混交林，特别是种植有白蚁喜食的林木时，应相应种植对白蚁有驱避作用的林木。

4 白蚁分群季节（3—6 月），除特殊情况外，不在主体工程上开灯、用光。

5 保护和利用白蚁的天敌，如蛙类、蜘蛛、蝙蝠和鸟类。

6 不在主体工程上堆放木材和柴草，及时清除主体工程和蚁源区白蚁喜食的物料。

5.5.2 提出白蚁预防措施的主要工程量。

5.6　环 境 保 护 措 施

5.6.1　对工程区环境现状进行调查，评价白蚁对工程区及周围环境的影响。

5.6.2　评价白蚁防治所采用的药物及措施对环境的影响。

5.6.3　拟订针对白蚁防治药物及防治措施可能污染环境的治理措施。

5.6.4　白蚁防治药物如采用新技术或新型环保药剂，应说明药剂对环境的影响。

5.7　白 蚁 监 测

5.7.1　根据白蚁防治工作需要，选定白蚁监测系统总体设计方案，说明白蚁监测布置原则、范围及要求。

5.7.2　说明不同监测项目的监测断面和测点仪器的布置、选型和安装要求。

5.7.3　条件许可情况下，提出白蚁监测的自动化要求。

5.8　图 表 及 附 件

5.8.1　本章可附以下图：

　1　白蚁灭治措施布置图。

　2　白蚁预防措施布置图。

　3　白蚁监测系统布置图。

5.8.2　本章可附以下表：

　1　白蚁防治方案对比表。

　2　白蚁防治工程量汇总表。

5.8.3　本章可附以下附件：

　1　白蚁防治试验报告。

　2　新材料、新工艺专题报告。

6　施 工 组 织

6.1　施 工 条 件

6.1.1　施工条件应作以下说明：

　1　主体工程及工程管理各建筑物的组成、形式及布置。

2　白蚁防治的施工特点以及与主体工程建设项目的施工协调要求。

3　工程所在地水源、电源情况，以及周边场地条件。

4　主管部门及业主单位对白蚁防治施工准备、工期、环保等方面的要求。

6.1.2　概述工程区水文、气象等自然条件。

6.1.3　简述对外交通运输条件。

6.2　防治措施施工

6.2.1　白蚁灭治措施施工设计应包括以下内容：

1　说明灭杀白蚁环节的施工技术要求、程序、方法、布置及进度安排。

2　需要进行对巢灌浆的，应说明对巢灌浆环节的施工技术要求、程序、方法、布置及进度安排。

3　说明技术要求和施工防治期限。

6.2.2　说明白蚁预防措施的施工程序、方法、布置及进度安排。

6.2.3　白蚁灭治施工补救措施应包括以下内容：

1　土建施工单位完成部分进度后建设单位才委托组织白蚁防治施工方案的，应对施工现场进行调查，结合现场条件采取补救措施。

2　及时对已施工建筑及基础四周进行处理，说明采取的补救措施。

3　对土建施工单位已完成部分隐蔽工程的应说明采取的补救措施。

6.3　药物和器械

6.3.1　说明白蚁防治拟采用的药物种类、特性要求、合格标准及数量等。

6.3.2　说明拟采用的白蚁防治主要施工机械设备种类、性能及数量等。

6.4　施工进度计划

6.4.1　说明施工进度计划的编制依据和原则。

6.4.2　对存在白蚁危害的水利工程，应编制灭治期的防治工作计划安排。白蚁防治施工合同期不少于1年。

6.4.3　新建、改建、扩建、除险加固、达标加固水利工程，白蚁防治施工进度应结合主体工程施工总进度计划编制。

6.5　施工招投标

6.5.1　说明白蚁防治工程承发包方式及相关依据。

6.5.2 说明白蚁防治工程招投标内容及要求。

6.6 图　表

6.6.1 本章可附以下图：

1 主要灭治措施施工程序、施工方法及施工布置示意图。

2 施工总布置图。

3 施工进度计划图。

6.6.2 本章可附以下表：

1 主要材料汇总表。

2 主要施工设备表。

7 安 全 生 产

7.1 药物和药械管理要求

7.1.1 说明白蚁防治所使用的药物和药械仓储与运输管理要求，建立药物管理制度。

1 药物应专仓储存、专人管理、分类存放。

2 药物储存场所应坚固、通风、干燥、阴凉，并配有防火、防爆、防盗等专门设施，符合安全、防火规定。

3 应对药物出入库时间、数量、领用人、复核人进行登记。

4 盛装药物的容器，使用前后应仔细检查有无破损和渗漏，及时消除安全隐患。药物使用完毕后，应按照环境保护法规的有关规定，妥善处理废水、废渣、废容器。

5 装卸药物时应轻拿轻放，不得撞击、拖拉和倾倒，以防药物泄漏，危害人、畜安全，造成环境污染。

6 运输药物，应配专用密封容器，派专人押运，注意安全行驶，避免药物外泄，人和药物不得混载。

7.1.2 说明白蚁防治药剂安全使用要求、器械安全操作措施。

1 水利工程白蚁防治使用的药物必须符合《中华人民共和国农药管理条例》和国家现行有关产品标准的规定，并应经广东省水行政主管部门审核认证。

2 水利工程白蚁防治药物的使用应贯彻"安全环保"的原则，高效低毒，对人畜安全。

3 药物应按产品标签所标示的浓度、剂量、范围和方法使用，不同类型的药物不得擅自混配使用。

4 使用机动药械必须严格执行安全操作规程。

7.2　安　全　生　产　措　施

7.2.1 提出白蚁防治用药安全防护措施及药物中毒急救措施。

1 白蚁防治工应经过专业技术培训，严格按照安全生产规定，穿戴相应的防护用品，始终处于上风位置施药。

2 若出现人员药物中毒情况，现场其他人员应视中毒者状况立即采取紧急处理，并携带药物标签尽快将中毒人员送医院救治。

7.2.2 提出机械伤害、电气伤害、火灾、雷击、溺水、滑倒摔伤、中暑等意外伤害的防护措施。

7.2.3 工程区可能出现蛇、红火蚁、蜘蛛、蜈蚣、老鼠、金龟子等生物隐患的，有针对性地提出防范防护措施。

7.3　安　全　生　产　管　理

7.3.1 根据工程特点，确定白蚁防治安全生产管理机构，提出白蚁防治安全生产设施配置的设计。

7.3.2 提出确保白蚁防治安全的制度建设要求，安全生产宣传、培训的内容要求，编制白蚁防治安全生产应急预案。

8　白蚁防治工程管理

8.1　管　理　体　制

8.1.1 简述工程白蚁防治管理体制、行政隶属关系。

8.1.2 明确白蚁防治管理机构及人员配备要求。

8.2　运　行　管　理

8.2.1 制订白蚁防治的管理办法、管理任务及职责。

8.2.2 明确白蚁防治日常检查、定期检查、专项检查、蚁害监测-控制等运行管理内容。

8.2.3 制定白蚁防治应急预案，准备必要的抢险物资和器械。

8.3 管 理 设 施 及 设 备

8.3.1 提出用于白蚁防治管理的生产办公、药械仓储、交通通信等设施配置要求。

8.3.2 说明白蚁观测、监测设施及设备数量，并提出设施及设备维护管理要点和检查技术要求。

8.3.3 明确购置白蚁防治管理设施所需的费用及资金来源。

8.4 工程管理运行费用及资金来源

8.4.1 明确工程管理运行费用，包括白蚁、红火蚁、老鼠、金龟子等生物隐患防治年运行费用。

8.4.2 明确工程白蚁防治年运行费的资金来源。

9 投 资 概（估）算

9.1 编 制 说 明

9.1.1 说明白蚁防治工程投资概（估）算编制规定、编制原则、依据文件和相关定额。

9.1.2 说明人工工资、材料等基础单价以及相关费率参数。

9.1.3 概（估）算编制中其他应说明的问题。

9.2 投 资 概（估）算 成 果

9.2.1 说明主要投资概（估）算指标及资金来源。

9.2.2 投资概（估）算表应包括以下内容：

1 总概（估）算表。

2 灭治措施概（估）算表。

3 预防措施概（估）算表。

4 设备购置及安装工程概（估）算表。

5 主要措施单价汇总表。

6 主要材料单价汇总表。

7 机械台时费汇总表。

9.2.3 投资概（估）算附件应包括以下内容：

1 人工预算单价计算表。

2 主要材料预算单价计算表。

3 施工用电、水、风价格计算书。

4 白蚁防治施工单价分析表。

5 补充定额计算书。

6 独立费用计算书。

7 主要材料、药械价格和费用计算依据的文件、询价报价材料及其他。

10 结 论 与 建 议

10.1 结 论

10.1.1 说明蚁情检查结论及白蚁危害程度等级。

10.1.2 明确白蚁防治标准、防治责任范围、白蚁防治方案比选的结论性意见。

10.2 建 议

10.2.1 根据工程项目特点，结合蚁情调查情况，提出对主体工程白蚁防治的要求。

10.2.2 提出后续工程管理中针对白蚁防治工作的建议。

10.2.3 在蚁情检查时发现工程存在严重白蚁危害的，应提出应急抢险及危害处置建议。

三　水利工程白蚁防治
招标文件编制大纲
（招标单位）

目　　次

1　总　　则

1.0.1　为做好广东省水利工程白蚁防治招标工作，规范白蚁防治招标文件的编制，明确招标文件的内容和要求，制定本大纲。

1.0.2　本大纲适用于大、中型水利工程的白蚁防治招标文件的编制，小型水利工程白蚁防治招标文件和水利工程白蚁蚁害安全鉴定招标文件的编制可参照执行，对于采用政府采购、竞争性谈判、单一来源、询价等方式的文件可以参照本大纲的相关条款编制。

1.0.3　招标人可依据白蚁防治项目特点，按规定采用相应的招标方式。

1.0.4　白蚁防治招标文件由招标公告或投标邀请书、商务文件和技术文件三部分组成，应包括下列内容：

　　1　招标公告或投标邀请函。

　　2　投标人须知。

　　3　招标项目需求书。

　　4　合同条款及格式。

　　5　评标标准与方法。

　　6　投标文件格式。

1.0.5　水利工程白蚁防治招标文件编制应遵循《中华人民共和国招标投标法》等法律、法规和规章。

1.0.6　本大纲主要引用以下标准：

　　SL 481《水利水电工程招标文件编制规程》

1.0.7　水利工程白蚁防治招标文件编制除应参照本大纲规定外，尚应符合国家现行有关标准的规定。

2　招标公告或投标邀请函

2.1　一　般　规　定

2.1.1　当采用公开招标时，应编制招标公告；当采用邀请招标时，应编制投标邀请函。

2.1.2　招标公告或投标邀请函应包括：项目概况、投标人资格要求、招标文件的获取、投标文件的递交、联系方式等。

2.2　项　目　概　况

2.2.1　说明白蚁防治招标项目名称、项目地点、项目内容及项目前期工作准备和资金落实情况等。

2.2.2　说明招标范围、计划工期和相关要求。

2.3　投标人资格要求

2.3.1　简述对投标人注册地址、营业执照、企业资格、信用档案等要求。

2.3.2　简述对投标人白蚁防治工程业绩要求，并对履行合同所必需的人员、设备、资金、专业技术能力等提出要求。

2.3.3　对是否接受联合体投标进行说明。

2.3.4　投标人无行贿犯罪记录证明及其他相关要求。

2.4　招标文件的获取

2.4.1　说明获取招标文件的时间、地点、方式以及招标文件的售价。

2.4.2　说明购买招标文件需携带的相关证明文件。

2.5　投标文件的递交和开标

2.5.1　说明投标文件的递交时间、接收地点以及投标截止时间。

2.5.2　说明开标的时间、地点以及参加人员和提交资料要求等。

2.6　联　系　方　式

2.6.1　说明招标人、招标代理机构的名称、地址、联系人和联系方式。

2.6.2　说明本次招标发布公告的媒介名称。

3　投 标 人 须 知

3.1　一　般　规　定

3.1.1　投标人须知应对白蚁防治项目的招标投标活动程序、招投标文件、开标、评标、合同授予等事项作出全面规定。

3.1.2 投标人须知应包括下列内容：

1 总则。

2 招标文件。

3 投标文件的编制要求。

4 投标文件的递交。

5 开标与评标。

6 定标与合同授予。

3.2 总 则

3.2.1 总则应对下列内容作出明确的规定和详细的说明：

1 项目概况。

2 招标范围、工期、质量要求。

3 招标已经具备的条件。

4 投标人资格要求。

5 投标费用承担。

6 查勘现场和投标预备会。

7 纪律与保密事项。

8 其他需要说明的问题。

3.2.2 项目概况主要包括招标项目招标人、招标代理机构、项目名称、建设地点等。

3.2.3 招标范围为白蚁防治责任范围；工期指白蚁防治施工合同期，合同期不少于1年；质量要求依据《广东省水利厅关于水利工程白蚁防治的管理办法》。

3.2.4 招标已经具备的条件包括项目立项及批准情况、资金来源及落实情况等。

3.2.5 投标人资格要求包括以下内容：

1 投标人应具备承担本项目的资格条件、能力和信誉，具体包括：企业资格条件、技术负责人资格、财务要求、业绩要求及其他要求。

2 投标人不得存在的情形。

3.2.6 投标费用承担应说明投标人准备和参加投标活动所发生费用的承担方式。

3.2.7 查勘现场和投标预备会条款应说明查勘现场和预备会的组织形式、时间、地点以及相关说明。

3.2.8 纪律与保密事项要求参与招标投标活动的各方应对招标文件和投标文

件中的商业和技术等秘密保密，违者应对由此造成的后果承担法律责任。

3.2.9 其他需要说明的问题主要包括：词语定义、语言文字、计量单位、偏离以及其他特殊条件等。

3.3 招 标 文 件

3.3.1 招标文件的组成应包括：招标公告或投标邀请函、投标人须知、招标项目需求书、合同条款及格式、评标标准与方法、投标文件格式。

3.3.2 招标文件的澄清：说明投标人要求招标人对招标文件进行澄清的条件、程序、时间要求等。

3.3.3 招标文件的修改：说明招标人对招标文件进行修改的程序、时间要求等。

3.4 投 标 文 件 的 编 制

3.4.1 投标文件的组成应包括下列内容：

1 投标函及投标函附录。

2 法定代表人身份证明或附有法定代表人身份证明的授权委托书。

3 联合体协议书（若有）。

4 投标保证金。

5 工程量清单及费用报价。

6 项目管理机构。

7 资格审查资料。

8 项目实施方案。

9 项目管理及质量保证措施。

10 进度计划及服务保障。

11 投标人须知规定的其他材料。

3.4.2 说明投标报价格式、限价要求、浮动幅度等。

3.4.3 规定投标有效期的时间、延长有效期处理情形。

3.4.4 规定投标保证金的数额、担保形式，投标保证金的递交形式、退还条件等。

3.4.5 资格审查资料应对投标人基本情况、近年财务状况表、近年完成的类似项目情况表、正在施工和新承接的项目情况表等提出要求。

3.4.6 投标文件的编制要求还应规定投标文件使用的语言，废标条件，要求对招标文件作出实质性响应的主要内容等。

3.5 投标文件的递交

3.5.1 说明投标文件的密封、装订和标记要求。

3.5.2 说明投标文件的递交时间（截止时间）、地点、确认程序以及逾期后果。

3.5.3 说明对投标文件进行修改或撤回的条件、时间要求、投标保证金处理方式等。

3.6 开标与评标

3.6.1 说明开标的时间与地点、开标程序、开标异议处理等。

3.6.2 说明评标委员会的组建及成员要求、回避情形，简述评标原则与评标办法。

3.7 定标与合同授予

3.7.1 说明定标原则和方式、重新招标和不再招标规定、中标公示及中标通知送达方式。

3.7.2 说明履约担保条件、合同授予的程序和条件等。

4 招标项目需求书

4.0.1 招标项目需求书一般包括以下内容：

1 项目概况。

2 项目内容。

3 工程量清单。

4 项目实施技术要求。

5 项目工期。

6 工程质量标准和要求。

7 其他说明和要求。

4.0.2 项目概况主要包括工程地理位置、工程规模、主要建筑物、建设年代、运行管理情况等。

4.0.3 项目内容主要包括白蚁防治范围、蚁情检查、白蚁预防与治理、后期维护等。

4.0.4 工程量清单主要包括白蚁防治工作中的蚁情检查面积、对巢灌浆、药物诱杀、仪器设备数量等。

4.0.5 项目实施技术要求主要包括白蚁防治原则、执行的"三环节八程序"堤坝白蚁防治技术要求等。

4.0.6 项目工期指白蚁防治开、竣工日期及实施日历天（年）数。

4.0.7 工程质量标准是指按省、市现行的白蚁防治质量评定标准和施工验收规范、规程进行施工和验收。

4.0.8 其他说明和要求主要包括：白蚁防治药物采购及管理、工程进度款支付及结算、招标人配合事项要求等。

5 合同条款及格式

5.0.1 合同文件应根据《中华人民共和国合同法》及国家、行业的相关法律、法规编制，遵循公平、公正原则，明确合同双方的权利和义务。组成合同的文件一般包括：

    1 合同协议书（格式及内容参考附件 A）。

    2 中标通知书。

    3 招标文件及其附件。

    4 标准、规范及有关技术文件。

    5 图纸。

    6 报价文件。

    7 双方有关工程的洽商、变更等书面协议或文件。

    8 现场管理人员有关通知及工程会议纪要。

    9 工程进行过程中的有关信件、数据电文（电报、电传、传真、电子数据和电子邮件）。

5.0.2 合同协议书应包括以下主要内容：

    1 工程概况。

    2 防治范围。

    3 承包方式。

    4 施工服务期限。

    5 主要技术要求。

    6 质量标准。

    7 验收标准。

8　合同价款及付款方式。

9　双方责任。

10　违约责任。

11　争议的解决。

12　不可抗力。

13　合同生效及终止。

14　其他条款。

5.0.3　工程概况主要包括工程名称、工程地点、工程内容及资金来源等。

5.0.4　工程承包范围需明确白蚁防治范围，可依据工程管理范围和保护范围划定。

5.0.5　承包方式应明确是否包工包料，单价总包、总价包干等，以及其他包干事项。

5.0.6　施工服务期限应包括开、竣工日期、合同工期总日历天数。

5.0.7　防治技术需明确所执行的省、市相关白蚁防治技术规程及要求。

5.0.8　质量标准主要提出白蚁防治效果应达到无蚁害标准、防治药物符合国家和地方的现行质量标准规定。

5.0.9　验收标准需达到国家和省、市相关部门规定的相关验收技术规程，并提出验收方式及验收资料成果要求。

5.0.10　合同金额应明确合同款的组成内容、金额及合同价的构成方式。付款方式主要约定合同预付款、进度款的支付方式、比例、时间等。

5.0.11　双方责任应约定合同双方的义务、责任。

5.0.12　违约责任主要约定双方出现违约时的处理条款。

5.0.13　争议的解决主要约定当工程实施过程中出现争议时的解决途径，一般包括协商、仲裁或诉讼等条款。

5.0.14　不可抗力条款主要约定当发生不可抗力事件时的处理程序。

5.0.15　合同生效及终止条款约定合同生效及终止的条件。

6　投标文件格式

6.0.1　投标文件一般按商务文件和技术文件两部分内容的格式要求编写（参考附件 B）。

6.0.2　商务文件应包括下列内容：

1　投标函及投标函附录。

2 法定代表人身份证明书格式。

3 授权委托书格式。

4 联合体协议书（若有）。

5 投标保证金格式。

6 项目管理机构组成表和主要人员简历表。

7 费用报价文件。

8 资格审查资料。

6.0.3 技术文件应包括下列内容：

1 项目实施方案。

2 项目管理及质量保证措施。

3 进度计划及服务保障。

7 评标标准与方法

7.0.1 评标标准与方法应依据相关法律、法规规定，结合工程特点和技术要求进行编制，并应包括下列内容：

1 评标依据、原则和评标方式。

2 监督管理机构。

3 评标委员会的组建方式。

4 资格审查的内容和方式（当采用资格后审时）。

5 评标细则，包括评标程序、赋分办法、赋分标准等。

6 定标办法，对定标原则和方式等作出规定。

7 其他规定。

7.0.2 评标方法宜采用综合评估法，说明具体的评标办法和评分标准。

7.0.3 技术评标标准应考虑技术方案的合理性、技术创新、质量保证体系、项目进度安排等主要因素，分别给出相应的赋分范围。

7.0.4 商务评标标准应对投标人业绩、资信、设备投入、人力资源投入、设计组织及技术服务保障、财务状况、报价等主要因素，分别给出相应的赋分范围。

附件 A

广东省水利工程
白蚁防治施工合同示范文本

封面格式

_____白蚁防治施工服务合同

项目名称：_____

工程地点：_____

合同编号：_____

白蚁防治单位信用档案编号：_____

发 包 人：_____

承 包 人：_____

签订日期：_____

发包人（甲方）：_____

承包人（乙方）：_____

本工程于____年____月____日采用_____方式确定由乙方承担。

依照《中华人民共和国合同法》，结合有关规定及本工程的具体情况，遵循平等、自愿、公平和诚实信用的原则，双方就本工程建设施工事项协商一致，签订本合同，共同执行。

组成本合同的文件包括：

（1）本合同协议书。

（2）中标通知书。

（3）招标文件及其附件。

（4）标准、规范及有关技术文件。

（5）图纸。

（6）报价文件。

（7）双方有关工程的洽商、变更等书面协议或文件。

（8）现场管理人员有关通知及工程会议纪要。

（9）工程进行过程中的有关信件、数据电文（电报、电传、传真、电子数据和电子邮件）。

一、工程概况

工程名称：_____

工程地点：_____

施工内容：_____

资金来源：_____

二、防治范围

防治责任范围：_____

_____

三、承包方式

承包人依据_____文件，采用_____方式承担本工程。

四、施工服务期限

开工日期：_____

竣工日期：_____

合同工期总日历天数：_____

五、防治技术要求

1. 白蚁防治原则执行"安全环保、防治结合、综合治理、持续防控"。

2. 白蚁防治技术执行"三环节八程序"〔即"找、标、杀""找、标、灌""找、杀（防）"〕堤坝白蚁防治技术。

六、质量标准

1. 白蚁防治质量标准要求满足：《广东省水利工程白蚁防治技术指南》及其他相关规定。

2. 白蚁防治所使用的药物或原材料必须符合国家和地方的现行规定，具备出厂合格证书、生产许可证和测试报告，并提供生产厂家联系方式。

3. 水利工程白蚁防治使用的药物必须环保、低毒，对人畜无害。

七、工程验收

1. 验收标准：达到《广东省水利厅关于水利工程白蚁防治的管理办法》中规定的无蚁害堤坝标准或甲方要求的其他具体标准。

2. 验收方式：根据水利部、住房和城乡建设部等部门和广东省____市对白蚁防治的有关规定、技术规范和要求进行验收（按管理办法），验收程序如下：

（1）自检与复查：由乙方自检合格后，按要求整理资料及书面总结，报业主（工程管理、建设单位）组织竣工验收。业主经复查合格后，组织承包人办理申报达标验收报告。

（2）复检和验收：验收时成立验收专家组，由专家组对报送的达标验收报告材料进行审核，组织复检后进行鉴定验收。

3. 验收资料成果要求如下表：

资 料 项 目	资 料 内 容
（1）工程合同	工程合同、附件
（2）施工单位有关证件	单位证件的复印件
（3）白蚁防治技术方案	防治方案、相关设计图、变更联系单
（4）施工过程资料	施工记录表、施工相关照片、视频资料
（5）施工检测材料、药物或原材料质量证明文件	主要为工程施工质量检测材料、抽样检测报告或主管部门审核认证材料
（6）安装维护检查记录表（如有）	监测系统安装的详细记录和施工汇总表
（7）施工总结报告	含防治方案、施工过程、工程质量事故记录总结等内容
（8）复查报告	依据无蚁害堤坝验收标准进行复查的报告

八、合同金额及付款方式

1. 合同金额。

含 _____ 费用

金额（大写）：_____（人民币）

金额（小写）：_____（人民币）

合同价的构成方式：_____

2. 付款方式。

（1）在本工程合同生效且乙方进场施工后____个工作日内，甲方向乙方支付合同总额____％的预付款。

（2）乙方须保质保量地按甲方要求施工，工程验收合格后____天内支付至结算价的____％。

（3）余款待保质期满后____个工作日内一次性结清。

九、双方责任

1. 甲方责任。

（1）向乙方提供水利工程平面布置图、断面结构图以及相关设计文件。

（2）甲方应按合同条款约定向乙方提供施工场地，以及施工场地内地下管线和地下设施等有关资料，并保证资料的真实、准确、完整。

（3）负责现场监督管理，施工现场管理协调。

（4）参加工程中关键工序特别是药物投放及灌浆过程的现场监督、隐蔽工程中的隐蔽验收及竣工验收。

（5）甲方应按合同约定向乙方及时支付合同价款。

（6）甲方委派_____为现场代表，协助有关工程事宜，对工程质量、进度进行监督检查，并协助乙方办理施工、验收、登记等法律法规规定的有关手续。

2. 乙方责任。

（1）工程不得转包，应严格按照有关安全生产规范施工。在施工过程中，因自身原因而产生的一切质量及安全事故责任，由乙方自行负责。

（2）参加由甲方组织的施工图纸或工法说明的现场交底，拟定白蚁防治施工方案和进度计划，交甲方审定。

（3）严格执行施工规范、安全操作规程、环境保护规定，严格按照施工图或工法说明进行施工，做好各项质量检查记录，参加竣工验收。

（4）严格按照防治方案和技术规范进行施工，做好每次防治实施记录，进行自检、复查并做好记录。

（5）负责施工所用材料和设备的采购、供应及保管，保证采购的材料质量达到国家规范及甲方的要求。

（6）提供合同范围内工程验收所需的有关资料和药物合格证。

（7）甲方按合同约定支付给乙方的各项价款应专用于合同工程。

（8）治理实施期间的水、电费用及线路接引费用，临时设施等费用均由乙方承担。

（9）乙方必须保证工程质量，发生施工不符合质量要求等问题，乙方应及时予以整改。如竣工验收时发现质量问题，乙方应及时予以改正，在未达到甲方的整改要求前，甲方有权拒付工程费。

（10）乙方应加强对现场施工人员进行防火防盗安全教育，施工人员不得在施工现场违法乱纪，一旦发生问题，后果自负。施工期间，乙方工程施工人员所发生的所有民事、刑事责任由乙方承担。

（11）乙方委派＿＿＿＿＿为现场代表，负责该工程施工管理等事宜。

十、违约责任

1. 乙方在施工期间工程质量不符合相关规定的，甲方有权拒绝验收，乙方向甲方支付合同总金额＿＿＿％的违约金。

2. 甲方无正当理由拒绝验收，拒付合同款的，甲方向乙方偿付合同总金额＿＿＿％的违约金。

3. 因乙方原因造成逾期验收或项目验收不合格无法移交的，乙方每日按合同总金额＿＿＿‰向甲方偿付违约金。逾期超过15天，甲方有权终止合同。

4. 甲方逾期付款，则每日按合同总金额＿＿＿‰向乙方偿付违约金。

十一、争端的解决

1. 凡与本合同有关而引起的一切争议，甲乙双方应首先通过友好协商解决，如经协商后仍不能达成协议时，任何一方可以向甲方所在地法院提出诉讼。

2. 本合同的诉讼管辖地为甲方所在地的法院。

3. 在进行法院审理期间，除提交法院审理的事项外，合同其他部分仍应继续履行（合同被解除或终止的除外）。

4. 本合同按照中华人民共和国的法律进行解释。

十二、不可抗力

1. 由于一般公认的人力不可抗拒的原因造成不可意料的事故而不能按合同规定完工验收时，乙方应立即以书面形式通告甲方，并证明事故的存在。

2. 在不可抗力事件发生后，双方应努力寻求采取合理的方案履行不受不可抗力影响的其他事项。如人力不可抗拒因素继续存在，致使在合同规定的完工期后 60 天内仍不能完工验收，甲方则有权解除合同，这时，甲乙双方均不承担责任，互不提出索赔。

十三、合同生效及终止

1. 本合同经双方授权代表签字盖章后生效，生效日以最后一个签字日为准。

2. 双方履行完合同规定的义务后，本合同即行终止。

十四、其他

1. 本合同之所有附件均为合同的有效组成部分，与本合同具有同样的法律效力。合同与附件之间内容应认为是互为补充和解释，但如有模棱两可或相互矛盾之处，以时间在后的文件为准。

2. 在执行本合同的过程中，乙方需遵守所有经双方签署确认的文件（包括会议纪要、补充协议、往来信函），上述文件一经双方签字盖章即成为本合同的有效组成部分，与本合同具有相同的法律效力，其生效日期为双方签字盖章之日期。文件与合同及其附件之间内容应认为是互为补充和解释，但如有模棱两可或相互矛盾之处，以时间在后的文件为准。

3. 除甲方事先书面同意外，乙方不得部分或全部转让其应履行的合同项下的义务。

4. 本合同正本一式____份，甲乙双方各执____份。

5. 本合同合计____页 A4 纸张，缺页之合同为无效合同。

（以下无正文）

甲方（盖章）：　　　　　　　　　　乙方（盖章）：

甲方法定代表人（签字）：　　　　　乙方法定代表人（签字）：

甲方委托代理人（签字）：　　　　　乙方委托代理人（签字）：

签字日期：　　　　　　　　　　　　签字日期：

地　　址：　　　　　　　　　　　　地　　址：

邮政编码：　　　　　　　　　　　　邮政编码：

电　　话：　　　　　　　　　　　　电　　话：

传　　真：　　　　　　　　　　　　传　　真：

开户银行：　　　　　　　　　　　　开户银行：

开户账号：　　　　　　　　　　　　开户账号：

附件 B

投 标 文 件 格 式

第一部分　商　务　文　件

1. 投标函及投标函附录

2. 法定代表人证明书、法人授权委托书

3. 投标保证金

4. 工程量清单及费用报价

    4.1　报价总表

    4.2　工程量清单报价表

5. 项目管理机构

    5.1　项目管理机构组成表

    5.2　项目主要人员简历表

6. 资格审查资料（包括但不限于下述资料）

    6.1　投标人基本情况表（附投标人资格证明文件，包括但不限于营业
         执照、税务登记证、组织机构代码证、资格证书等）

    6.2　近年财务状况表

    6.3　近年完成的类似项目情况表

    6.4　资信证明材料

    6.5　投标人有无重大违法记录的说明（附行贿犯罪档案查询结果）

    6.6　投标人质量认证、信誉、获奖情况、技术力量等（如有，投标人
         自行编写）

7. 其他资料

    7.1　退保证金说明

    7.2　中标服务费承诺书

    7.3　中小企业声明函

8. 投标人认为需要提供的其他资料

1 投标函及投标函附录

1.1 投 标 函

_____（招标人名称）：

1. 我方已仔细研究了_____（项目名称）招标文件的全部内容，愿意以人民币（大写）_____元（￥_____）的投标总报价，工期_____日历天，按合同约定实施和完成承包工程，工程质量达到_____。

2. 我方承诺在招标文件规定的投标有效期内不修改、撤销投标文件。

3. 随同本投标函提交投标保证金一份，金额为人民币（大写）_____（￥_____）。

4. 如我方中标：

（1）我方承诺在收到中标通知书后，在中标通知书规定的期限内与贵方签订合同。

（2）随同本投标函递交的投标函附录属于合同文件的组成部分。

（3）我方承诺按照招标文件规定向贵方递交履约担保。

（4）我方承诺保证及时申请延时，按合同约定的期限和质量标准完成全部合同工程。

5. 我方在此声明，所递交的投标文件及有关资料内容完整、真实和准确，且不存在"投标人须知"规定的投标人不得存在的任何一种情形。

6. 我方完全理解贵方不一定接受最低价的投标或收到的任何投标。

7. 本投标有效期为开标日起_____日。

8. _____（其他补充说明）。

投标人名称（公章）：_____

法定代表人签字：_____ 日　　期：____年___月___日

地　　　址：_____ 传　　真：_____

电　　话：_____ 电子邮件：_____

1.2　投　标　函　附　录

序号	条款名称	合同条款号	约定内容	备注
1	项目负责人		姓　　名：_____ 身份证号：_____	
2	工期		工期_____（日历天/月）	
3	工程预付款额度与支付次数		合同总价的___%	
4	逾期完工违约金		___元/天	
5	逾期完工违约金限额		不超过合同总价的___%	
6	质量标准和技术要求			
⋮	⋯⋯	⋯⋯	⋯⋯	
⋮	⋯⋯	⋯⋯	⋯⋯	

投标人名称（加盖公章）：_____

法人代表或委托代理人（签字）：_____

日　　期：_____年___月___日

2　法定代表人证明书、法人授权委托书

法定代表人证明书和法人授权委托证明书按下列格式填写。如由法定代表人投标并签署需提供法定代表人证明书，否则需同时提供法定代表人证明书和法人授权委托证明书。

2.1　法定代表人证明书

投标人名称：＿＿＿＿＿＿＿＿＿＿＿＿＿＿＿＿

单位性质：＿＿＿＿＿＿＿＿＿＿＿＿＿＿＿＿＿

地址：＿＿＿＿＿＿＿＿＿＿＿＿＿＿＿＿＿＿＿

成立时间：＿＿＿＿＿年＿＿＿＿月＿＿＿＿日

经营期限：＿＿＿＿＿＿＿＿＿＿＿

姓名：＿＿＿＿＿性别：＿＿＿＿年龄：＿＿＿＿

身份证号码：＿＿＿＿＿＿＿＿＿＿＿＿＿＿＿

职务：＿＿＿＿＿＿＿系＿＿＿＿＿＿（投标人名称）的法定代表人。

特此证明。

附法定代表人身份证复印件

投标人（法人公章）：＿＿＿＿＿＿＿＿＿

日　　期：＿＿＿＿＿年＿＿＿月＿＿＿日

2.2　法人授权委托书

本授权书声明：本人＿＿＿＿＿＿＿（姓名）系＿＿＿＿＿＿＿＿＿＿（投标人名称）的法定代表人，现授权＿＿＿＿＿＿＿（被授权人的姓名、职务）为本单位代理人，以本单位的名义参加＿＿＿＿＿＿＿＿＿＿（项目名称、项目编号）的投标活动。代理人在开标、评标和谈判、签署合同过程中所签署的一切文件和处理与之有关的一切事务，其法律后果由我方承担。

委托期限：＿＿＿＿＿＿＿＿＿＿

代理人无转委托权。

特此委托。

附代理人身份证复印件

投标人（法人公章）：＿＿＿＿＿＿＿

法定代表人签字：＿＿＿＿＿＿＿

委托代理人签字：＿＿＿＿＿＿＿

日　　期：＿＿＿年＿＿月＿＿日

3　投　标　保　证　金

_____（招标人名称）：

我方在递交投标文件的同时已用_____方式提交投标保证金，其金额为人民币_____元（￥_____）。

现保证：我方在规定的投标有效期内撤销或修改投标文件的，或者在收到中标通知书后无正当理由拒签合同或拒交规定履约担保的，投标保证金不予退还。

附：投标保证金证明材料复印件

投标人（法人公章）：_____

法定代表人或委托代理人签字：_____

日　　期：_____年____月____日

4 工程量清单及费用报价

费用报价文件应包括工程项目报价总表、工程量清单报价表、单价分析表和投标报价编制说明等。

4.1 报 价 总 表

投标人名称：　　　　　　　　　　　　项目编号：

序号	分项内容	价格	备注
1			
2			
3			
总计		大写：　　　　　　（￥　　　　　）	

注　1. 此表的总计即投标总价，必须准确唯一且应包含完成本项目的所有费用。

　　2. 本表报价取小数点后两位。

投标人（法人公章）：＿＿＿＿＿＿＿＿＿＿＿

法定代表人或委托代理人签字：＿＿＿＿＿＿＿

日　　期：＿＿＿＿年＿＿月＿＿日

4.2 工程量清单报价表

工程名称：　　　　　　　　　　　　　　项目编号：

序号	项目名称及特征	计量单位	工程数量	单价/元	合价/元	备注
1						
1.1						
1.2						
2						
2.1						
2.2						
⋮	……	……	……	……	……	……
总价合计：						

注 1. 根据招标工程量清单进行投标报价。

　　　2. 分项报价的汇总价等于"报价总表"中的投标总价。

　　　3. 如果单价和总价不符时，以单价为准，修正总价。

　　　4. 投标人应编制工程量清单中主要项目的单价分析表，每种单价一份。

投标人（法人公章）：_____

法定代表人或委托代理人签字：_____

日　　期：_____年___月___日

5 项目管理机构

投标人必须为本项目的实施成立专门的管理机构，在投标时提交该机构说明及管理人员简介，并填写项目管理机构组成表及主要人员简历表。

5.1 项目管理机构组成表

姓名	职务/职称	年龄	资格证书	拟在本项目中担任何工作	工作年限	备注

注 1. 表中职务、职称均指当事人在其本单位的职务、职称。

2. 提供以上人员社保证明。

投标人名称（法人公章）：＿＿＿＿＿＿＿＿＿＿＿

法定代表人或委托代理人签字：＿＿＿＿＿＿＿＿

日　期：＿＿＿＿年＿＿月＿＿日

5.2 项目主要人员简历表

姓　名		年龄		学　历	
执业资格				工作年限	
职　称		职务		拟在本合同任职	
毕业学校		（___年）毕业于（_____）学校（_____）专业			
主要施工管理经历					
时　间		参加过的类似项目		担任职务	发包人及联系电话

注　1. 主要人员指项目负责人、技术负责人、安全管理人员（专职安全生产管理人员）、质量管理人员、财务负责人及其他主要人员。

2. 主要人员应附相关执业证书、身份证、职称证、毕业证、业绩证明材料（如有）、社会保险证明、劳动合同等的复印件。专职安全生产管理人员还应附安全生产考核合格证复印件。

3. 上述相关材料复印件附表后。

投标人名称（法人公章）：_____

法定代表人或委托代理人签字：_____

日　期：_____年___月___日

6 资 格 审 查 资 料

6.1 投 标 人 基 本 情 况 表

投标人名称					
注册地址			邮政编码		
联系人			电话		
传真			网址		
组织结构			单位性质		
法定代表人		技术职称		电话	
技术负责人		技术职称		电话	
成立时间			员工总人数		
企业资质				项目负责人	
营业执照号				高级职称人员	
注册资金			其中	中级职称人员	
开户银行				初级职称人员	
基本账号				技工	
经营范围					
备注	广东省水利白蚁防治单位信用档案情况				

注 随本表格附相关资质证书、营业执照、组织机构代码证及税务登记证复印件各一份，均须加盖公章。

投标人名称（法人公章）：＿＿＿＿＿＿＿＿＿＿＿

法定代表人或委托代理人签字：＿＿＿＿＿＿＿＿

日　期：＿＿＿＿年＿＿月＿＿日

6.2 近 年 财 务 状 况 表

名 称	单位	_____年	_____年	_____年
一、注册资金				
二、净资产				
三、总资产				
四、固定资产				
五、流动资产				
六、流动负债				
七、负债合计				
八、营业收入				
九、净利润				

注 如有请提供会计师事务所的审计报告。

投标人名称（法人公章）：_____

法定代表人或委托代理人签字：_____

日　期：_____年____月____日

6.3　近年完成的类似项目情况表

序号	项目名称	合同金额	签约时间	发包人及联系方式	完成情况	备注

注　须提供业绩合同复印件加盖公章，原件备查。

投标人名称（法人公章）：＿＿＿＿＿＿＿＿＿＿＿＿

法定代表人或委托代理人签字：＿＿＿＿＿＿＿＿

日　期：＿＿＿＿年＿＿月＿＿日

6.4　资　信　证　明　材　料

企　业　信　誉　声　明

_____（招标人名称）：

我方在此声明，截止本招标项目投标截止时间，我方处于正常的经营状态，不存在下列任何一种情形。

（1）被责令停业。

（2）被暂停或取消投标资格〔指被本招标项目所在地县级及以上水（或住建、或公共资源交易）行政主管部门暂停或取消投标资格或禁止进入该区域建设市场且处于有效期内〕。

（3）财产被接管或冻结。

（4）在最近三年内有骗取中标或严重违约或重大工程质量问题。

我方保证上述信息的真实和准确，并愿意承担因我方就此弄虚作假所引起的一切法律后果。

投标人名称（加盖公章）：_____

法定代表人或委托代理人签字：_____

日　期：_____年___月___日

6.5 行贿犯罪档案查询结果

注：投标人须提供近三年内（从本项目公告之日起往前三年，投标人成立不足三年的可从成立之日起算）无行贿犯罪记录，由投标人营业执照住所地或业务发生地人民检察院出具《行贿犯罪档案查询告知函》的复印件，原件备查。

投标人名称（法人公章）：_____

法定代表人或委托代理人签字：_____

日　期：_____年___月___日

7 其 他 资 料

7.1 退 保 证 金 说 明

致：_____（招标人）

我方为＿＿（项目名称）＿＿ 的投标（项目编号为：＿＿＿＿）所提交
的投标保证金＿＿＿（大写金额）＿＿＿元，请贵单位退还时划到以下账户：

收款 单位	收款单位名称			
	收款单位地址			
	开户银行 （含汇入地点）		联系人	
	账号		联系电话	

备注：后附交纳投标保证金转账单或现金交款单的复印件（加盖公章）。

投标人（公章）：_____

日 期：_____年___月___日

7.2 中标服务费承诺书

项目编号：＿＿＿＿＿＿＿＿＿＿＿＿＿

致：＿＿＿＿＿＿＿＿＿＿＿＿＿（招标人）

如果我方在贵单位组织的＿＿＿＿＿＿＿＿白蚁防治项目（项目编号：＿＿＿＿＿＿）相关服务招标中中标，我方保证在收到《中标通知书》起10天内，向贵单位（地址：＿＿＿＿＿＿，开户名：＿＿＿＿＿＿，开户银行：＿＿＿＿＿＿，开户账号：＿＿＿＿＿＿）交纳中标服务费（按《投标人须知》的规定交纳中标服务费）。

我方如违反上款承诺，愿凭贵单位开出的相关通知，按上述承诺金额的200％在我方提交的投标保证金及贵方根据中标合同约定支付给我方的合同款中扣付。

特此承诺！

投标人名称（加盖法人公章）：＿＿＿＿＿＿＿＿＿＿＿

法定代表人或委托代理人签字：＿＿＿＿＿＿＿＿＿＿

电　　话：＿＿＿＿＿＿＿＿＿＿＿＿＿＿＿＿＿

传　　真：＿＿＿＿＿＿＿＿＿＿＿＿＿＿＿＿＿

承诺日期：＿＿＿＿＿年＿＿月＿＿日

7.3　中小企业声明函
（投标人为中小企业时适用）

本公司郑重声明，根据《政府采购促进中小企业发展暂行办法》（财库〔2011〕181号）的规定，本公司为＿＿（请填写：中型、小型、微型）＿＿企业。即，本公司同时满足以下条件：

1. 根据《工业和信息化部、国家统计局、国家发展和改革委员会、财政部关于印发中小企业划型标准规定的通知》（工信部联企业〔2011〕300号）规定的划分标准，本公司为＿＿（请填写：中型、小型、微型）＿＿企业。

2. 本公司参加＿＿＿（采购人）＿＿＿的＿＿＿（采购项目）＿＿＿采购活动提供本企业制造的货物，由本企业承担工程、提供服务，或者提供其他＿＿（请填写：中型、小型、微型）＿＿企业制造的货物。本条所称货物不包括使用大型企业注册商标的货物。

本公司对上述声明的真实性负责。如有虚假，将依法承担相应责任。

投标人名称（盖章）：＿＿＿＿＿＿＿＿＿＿

日　　期：＿＿＿＿年＿＿月＿＿日

注：

1. 投标人需提供相关部门出具认定贵公司属于小型或微型企业的证明文件，如不提供评审委员会有权将不予以价格扣除。

2. 若投标人不填写本表或不符合中小企业要求的，将不给予产品的价格扣除。

8　投标人认为需要提供的其他资料

投标人名称（加盖公章）：＿＿＿＿＿＿＿＿＿＿＿＿

法定代表人或委托代理人签字：＿＿＿＿＿＿＿＿

日　　期：＿＿＿＿年＿＿月＿＿日

第二部分 技 术 文 件

投标人应按照招标文件要求，根据《用户需求书》相关内容作出全面响应。
编制和提交的技术文件内容应包括但不限于以下各项：

1. 项目实施方案（投标人自行编写）

    1.1 工程概况

    1.2 蚁情检查

    1.3 白蚁防治技术方案

    1.4 药物和器械

    1.5 工程量清单

    1.6 单价分析及预算编制

    1.7 附图

2. 项目管理及质量保证措施（投标人自行编写）

    2.1 项目人员管理架构配置方案

    2.2 项目管理人员岗位职责

    2.3 质量保证措施

3. 进度计划及服务保障（投标人自行编写）

    3.1 进度计划安排

    3.2 投入本项目的资源配备情况（包括施工设备、工具、药械及管理服务设备等）

    3.3 服务承诺

4. 投标人认为需要提供的其他资料

四　水利工程白蚁防治
投标文件编制大纲
（投标单位）

目　　次

1 总　则

1.0.1 为做好广东省水利工程白蚁防治招投标工作，规范白蚁防治投标文件的编制，明确投标文件的内容和要求，制定本大纲。

1.0.2 本大纲适用于大、中型水利工程的白蚁防治投标文件的编制，小型水利工程可参照执行。

1.0.3 投标文件应按根据招标文件"投标文件格式"进行编写，如有必要，可以增加附页，作为投标文件的组成部分。

1.0.4 投标文件应由商务文件和技术文件两部分组成，各部分投标文件应分别编制，文件包装按照招标文件要求执行。

1.0.5 投标文件应当对招标文件有关工期、投标有效期、质量要求、技术标准和要求、招标范围等实质性内容作出响应。

1.0.6 投标文件应用不褪色的材料书写或打印，并由投标人的法定代表人或其委托代理人签字或盖单位章。委托代理人签字的，投标文件应附法定代表人签署的授权委托书。投标文件应尽量避免涂改、行间插字或删除。如果出现上述情况，改动之处应加盖单位章或由投标人的法定代表人或其授权的代理人签字确认。签字或盖章的具体要求见投标人须知前附表。

1.0.7 投标文件正本一份，副本份数见"投标人须知"。正本和副本的封面上应清楚地标记"正本"或"副本"的字样。当副本和正本不一致时，以正本为准。

1.0.8 投标文件的正本与副本应分别装订成册，具体装订要求见"投标人须知"规定。

1.0.9 水利工程白蚁防治投标文件编制应遵循《中华人民共和国招标投标法》等法律、法规和规章。

1.0.10 本大纲主要引用以下标准：

SL 481《水利水电工程招标文件编制规程》

1.0.11 水利工程白蚁防治投标文件编制除应参照本大纲规定外，尚应符合国家现行有关标准的规定。

2 商 务 文 件

2.1 一 般 规 定

2.1.1 商务文件应包括下列内容：

1 投标函及投标函附录。

2 法定代表人身份证明书或授权委托书。

3 联合体协议书（若有）。

4 投标保证金。

5 工程量清单及费用报价。

6 项目管理机构。

7 资格审查资料。

2.1.2 招标文件规定不接受联合体投标的，或投标人没有组成联合体的，投标文件不包括 2.1.1 所指的联合体协议书。

2.2 投标函及投标函附录

2.2.1 投标函是投标人按照招标文件的条件和要求，向招标人提交的有关报价、质量目标等承诺和说明的函件。是投标人为响应招标文件相关要求所做的概括性说明和承诺的函件，一般位于投标文件的首要部分，其格式、内容必须符合招标文件的规定。

2.2.2 投标函附录是附在投标函后面，填写对招标文件重要条款响应承诺的地方，也是评标时评委重点评审的内容。投标人按照投标时能够承诺、填报的内容填写。不能超出招标文件给出的响应的范围。投标函附录一般包括项目负责人名字、工期、投标有效期等。

2.3 法定代表人身份证明或授权委托书

2.3.1 法定代表人身份证明书应按照招标文件提供的格式要求填写，内容包括投标人姓名、单位性质、地址、成立时间、经营期限等单位信息，以及法定代表人姓名、性别、年龄、身份证号码等身份信息，并附法定代表人身份证复印件。

2.3.2 投标人非法定代表人亲自参与投标的，应出具授权委托书。授权委托书应按照招标文件提供的格式要求填写，内容包括法定代表人及被授权人（委托代理人）身份信息、代理权限、委托期限等。

2.4 联合体协议书

2.4.1 由两个及以上投标人自愿组成联合体，共同参与招标项目投标的，应就联合体投标事宜签订协议书。

2.4.2 联合体协议书应明确联合体牵头人、牵头人权限、各成员职责分工、协议书时效、协议书份数等。

2.4.3 联合体协议书由委托代理人签字的，应附法定代表人签字的授权委托书。

2.5 投标保证金

2.5.1 投标保证金应按招标文件"投标人须知"规定的金额、担保形式和"投标文件格式"规定的格式递交，并作为投标文件的组成部分。

2.5.2 联合体投标的，其投标保证金由牵头人递交，并应符合投标人须知的规定。

2.5.3 投标保证金的形式有现金、银行汇票、银行本票、支票、投标保函等。

2.6 工程量清单及费用报价

2.6.1 工程量清单及费用报价包括以下内容：

1 投标总价（投标报价书）。

2 工程项目总价表。

3 分组工程量清单报价表。

4 工程单价汇总表。

5 工程单价费（税）率汇总表。

6 投标人自行采购主要材料预算价格汇总表。

7 工程单价分析表。

8 其他辅助表格。

2.6.2 投标总价应按工程项目总价表合计金额填写。

2.6.3 工程项目总价表中项目名称按招标文件工程项目总价表中的相应名称填写，并按分组工程量清单报价表中相应项目合计金额填写。

2.6.4 分组工程量清单报价表中的序号、项目编码、项目名称、计量单位、工程数量等，按招标文件分类分项工程量清单计价表中的相应内容填写，并填写相应项目的单价和合价。

2.6.5 工程单价汇总表，按工程单价分析表中的相应内容、价格（费率）填写。

2.6.6 工程单价费（税）率汇总表，按工程单价计算表中的相应内容、费（税）率填写。

2.6.7 投标人自行采购主要材料预算价格汇总表，按表中的序号、材料名称、型号规格、计量单位和预算价填写，填写的预算价必须与工程单价分析表中采用的相应材料预算价格一致。

2.6.8 工程单价分析表，按表中的施工方法、序号、名称、型号规格、计量单位、数量、单价、合价填写，填写的人工、材料和机械等基础价格，必须与人工费价汇总表、基础材料单价汇总表、主要材料预算价格汇总表及施工机械台时（班）费汇总表中的单价相一致，填写的施工管理费、企业利润和税金等费（税）率必须与工程单价费（税）率汇总表中的费（税）率相一致。

2.6.9 其他辅助表格包括人工、材料、机械费用单价计算及汇总表，应按相关计价规范及定额填写。

2.7 项 目 管 理 机 构

2.7.1 项目管理机构主要包括项目管理机构组成表和主要人员简历表。

2.7.2 项目管理机构组成表应列出参与本项目的主管人员和主要技术人员情况，包括承担职务、职称、执业或职业资格证明等信息。

2.7.3 参与投标项目的项目负责人、技术负责人、主要技术人员等需填写主要人员简历表，简历表内容主要包括学历、职称或执业资格、参与过的类似项目经历等信息。

2.7.4 提供拟投入本项目的项目负责人的职称证书及主要人员的相关证书复印件。

2.8 资 格 审 查 资 料

2.8.1 资格审查资料主要包括：

1 ·投标人基本情况。

2 近年完成的同类项目情况。

3 投标人资信证明材料。

4 其他证明材料。

2.8.2 投标人基本情况主要包括企业基本情况表、近年财务状况表、资格文件等。资格文件包含但不限于营业执照、税务登记证、组织机构代码证、资格证书登记等证书复印件。

2.8.3 近年完成的同类项目情况应提供投标单位近 3～5 年白蚁防治工程一览表，并附中标通知书或合同复印件等证明材料。

2.8.4 资信证明材料包括由银行或其他金融机构出具的足以证明投标人资产、信用状况的各种文件、凭证，已在工程所在地主管部门完成信息录入审核手续并通过公示的证明材料。

2.8.5 其他证明材料包括投标人在最近 3 年内，在经营活动中无违法违纪记录或受到相关处罚的声明，以及投标企业所在地或投标项目所在地检察院出具的"行贿犯罪档案查询结果告知函"等。

3 技 术 文 件

3.1 一 般 规 定

3.1.1 技术文件的编写内容及格式应根据招标文件规定执行。

3.1.2 技术文件应包括但不限于下列内容：

1 项目实施方案。

2 项目管理及质量保证措施。

3 进度计划及服务保障。

3.2 项 目 实 施 方 案

3.2.1 白蚁防治项目实施方案主要包括以下内容：

1 工程概况。

2 蚁情检查。

3 白蚁防治方案。

4 药物和器械管理。

5 工程量清单。

6 单价分析及预算编制。

7 附图。

3.2.2 工程概况简要介绍工程基本情况，主要包括建设工程名称、建设单位、地理位置、工程任务、等级与规模、工程布置、主要建筑物等，白蚁防治范围及主要内容等。

3.2.3 蚁情检查主要包括：检查时间、检查范围、检查内容、检查方法、检查结果及危害程度、蚁害分级结论等内容。

3.2.4 防治方案包括白蚁防治标准和思路、灭治措施、预防措施、白蚁监测等内容。

1 白蚁防治标准应明确白蚁防治效果要求及工程验收标准，白蚁防治思路应说明白蚁防治综合治理原则，提出防治方案总体设计思路。

2 灭治措施应根据水利工程蚁情调查情况，综合比选确定白蚁灭治原理、方法、详细治理措施及工作内容，包含新建工程施工前、已建工程施工中及施工后的治理措施。

3 预防措施是在白蚁灭治后，根据工程布置、周边环境、白蚁习性，结合工程投资及运行管理等，进行综合分析比较，选定的白蚁预防措施。预防措施包含工程周边环境中白蚁的控制措施、工程基础的处理措施、工程表层土壤的处理措施等。

4 白蚁监测应根据白蚁防治工作需要，选定白蚁监测系统总体设计方案，说明白蚁监测布置原则、范围及要求。

3.2.5 药物和器械管理主要包括白蚁防治药物和器械选用、仓储、运输等管理制度及要求。

3.2.6 工程量清单是根据投标拟定的白蚁防治方案，明确白蚁防治工作中的蚁害检查面积、对巢灌浆和浅灌密灌、药物诱杀等工作量。

3.2.7 单价分析及预算编制主要是对工程量清单中确定的项目进行单价分析，计算白蚁防治项目工程预算，并作为投标报价的依据。

3.2.8 附图主要包括白蚁危害分布图、白蚁防治措施布置图及图例等。

3.3 项目管理及质量保证措施

3.3.1 项目管理主要包括项目管理各职能部门设置及主要职责、项目负责人及主要技术人的岗位职责等。

3.3.2 质量保证措施主要包括投标人的质量目标和方针、质量管理体系、质量管理制度及质量保证措施等。

3.4 进度计划及服务保障

3.4.1 进度计划主要包括计划开、竣工日期和施工进度表、计划安排等。

3.4.2 服务保障主要包括拟投入项目的资源配备情况、白蚁防治的技术支持和现场服务保障措施。

五　水利工程白蚁防治
施工管理报告编制大纲
（施工单位）

目　　次

1 总　　则

1.0.1　为做好广东省水利工程白蚁防治工作，规范和指导水利工程白蚁防治施工管理报告的编制，制定本大纲。

1.0.2　本大纲适用于广东省内大、中型水利工程白蚁防治施工管理报告的编制，小型水利工程可参照执行。

1.0.3　本大纲所称白蚁防治施工管理报告是指水利工程白蚁防治单项工程完工后由施工单位编制的施工总结报告，并作为工程完工验收资料之一提交业主单位。

1.0.4　白蚁防治施工管理报告应包括以下内容：

1　项目概况。

2　项目承接情况。

3　合同管理。

4　项目实施过程。

5　白蚁防治成果。

6　经验与建议。

7　附件及有关资料。

1.0.5　本大纲主要引用以下标准：

SL 223《水利水电建设工程验收规程》

1.0.6　水利工程白蚁防治施工管理报告编制，除应符合本大纲标准外，尚应符合国家现行有关标准的规定。

2 项 目 概 况

2.1 水 利 工 程 概 况

2.1.1　简述白蚁防治项目所在的工程名称、地理位置、水文气象、地形地貌、土壤、植被等。

2.1.2　简述工程任务、工程规模、工程等别、工程布置及主要建筑物、管理设施等。

2.2　本工程白蚁防治历史情况

2.2.1　简述本工程历次白蚁防治的时间和技术措施。

2.2.2　简述最近一次白蚁防治验收结论。

2.3　本次白蚁防治项目的缘由及要求

2.3.1　简述实施本次白蚁防治项目的缘由、立项批复情况。

2.3.2　简述本次白蚁防治项目的任务和要求。

3　项 目 承 接 情 况

3.0.1　简述白蚁防治项目承接方式，主要包括公开招标、邀请招标和直接委托。

3.0.2　简述白蚁防治项目承接过程，主要包括项目投标过程、发承包双方协商谈判及合同签订过程等。

4　合 同 管 理

4.0.1　简述白蚁防治项目合同的主要内容，包括工程地点、施工内容、施工服务期限、质量标准、验收标准、合同金额、付款方式、承包方式、违约责任、争议的解决办法以及其他要求等。

4.0.2　简述白蚁防治工程合同执行情况，说明白蚁防治工程实际完成的工程量及与合同工程量的对比情况。

4.0.3　简述合同价款的结算情况，说明项目已经计量及支付的工程款、未支付的工程款等。

5　项 目 实 施 过 程

5.1　白蚁防治工作组织机构

5.1.1　简述白蚁防治工作组织机构，包括岗位设置及主要职责、投入的技术人员及管理人员数量等内容。

5.1.2 主要介绍项目负责人、技术负责人、项目实施人员配备、施工现场质量管理、药械投入和资料整理情况等。

5.2 白蚁蚁情检查

5.2.1 对合同规定施工范围内的白蚁种类及危害情况进行调查，主要包括工程当前存在的白蚁种类及危害情况。

5.2.2 简述蚁情检查时，白蚁影像资料的收集与整理成果。

5.3 白蚁防治原则、范围和标准

5.3.1 简述水利工程白蚁防治原则。

5.3.2 根据合同及蚁情检查情况，说明水利工程白蚁防治范围：

1 新建工程主要包括工程建筑物所在区域、土料场及堆料场区域范围。

2 已建工程包括水库大坝、水闸、堤防、高填方渠道等主体工程、主要蚁源区，以及水利工程管理用房等。

5.3.3 简述水利工程白蚁防治执行的标准，达到合同的要求。

5.4 白蚁防治内容及具体措施

5.4.1 说明白蚁防治技术方法及实施内容。

5.4.2 对存在白蚁危害的水利工程，统一执行"三环节八程序"白蚁防治技术措施。

5.4.3 对水利工程管理用房和防汛物资仓库的白蚁防治参考房屋白蚁预防技术措施实施。

5.5 白蚁防治进度管理

5.5.1 根据工程现状、蚁情和施工工期、任务，结合施工范围、需要防治人员投入情况、白蚁生物学特性和各月份天气特点等情况，拟定施工进度计划，确保按期、按质、按量完成施工任务。

5.5.2 简述各分部工程实际开工、完工时间，并与计划时间进行对比，编制施工总进度表。

5.5.3 进行施工进度控制分析，分析工期提前或推迟完成的原因。

5.6　主要施工设备及药物

5.6.1　列出在施工过程中主要施工设备，包括喷粉器、小割灰刀、镐头、工兵铲、铁锥、照相机、轻便灌浆机、搅拌机和施工车辆等。

5.6.2　列出在施工过程中主要投放药物的种类和数量。

5.6.3　说明白蚁防治施工设备及药物管理措施。

5.7　施 工 质 量 管 理

5.7.1　简述为保证白蚁防治施工质量所建立的指挥和控制的管理措施，包括施工单位在施工过程中的质量管理体系和制度，质量管理机构及人员组成，各级质量管理人员的职责，施工现场质量管理设施运用情况等。

5.7.2　简述为保证白蚁防治施工技术落到实处所建立的措施，主要介绍如何理解掌握施工方案、"三环节八程序"技术措施和其他相关技术规程，在施工中做到层层技术交底，切实了解和掌握工程施工的要求和技术标准。

5.7.3　简述工程施工中所发生质量事故（缺陷）的原因分析、处理措施和结果、事故损失等。

5.7.4　简述白蚁防治单位工程质量评定情况。

5.8　文明施工和安全生产

5.8.1　简述文明施工和环境保护的管理制度及保证措施。

5.8.2　简述为保证白蚁防治工程施工安全所建立的管理体系，包括施工单位安全生产目标、管理机构及安全管理措施，施工中出现的安全问题、处理措施及结果等。

6　白 蚁 防 治 成 果

6.1　白 蚁 防 治 效 果

6.1.1　简述采取白蚁防治措施后，白蚁危害被控制的程度，按合同要求检查白蚁防治效果。

6.1.2　编制白蚁防治成果汇总表。

6.2 自 检 情 况

6.2.1 依据《广东省水利工程白蚁防治技术指南》，简述自检的标准、时间、过程。

6.2.2 简述自检的结果，并给出白蚁防治效果是否达到相关技术标准及合同要求的结论。

7 经 验 与 建 议

7.0.1 主要介绍白蚁防治项目施工中发现的问题，总结成功的经验，应该吸取的教训。

7.0.2 提出验收后对工程运行维护中白蚁防治工作的建议。

8 附 件 及 有 关 资 料

8.0.1 施工管理机构设置与主要工作人员情况表。

8.0.2 白蚁防治施工管理大事记。

8.0.3 主要技术标准目录。

8.0.4 有关资料，主要包括以下图表：

    1 ××工程白蚁防治平面示意图。

    2 ××年度××工程白蚁防治实施记录汇总表（详见附录 A）。

    3 ××年度××工程灌浆施工记录汇总表。

    4 ××工程白蚁防治成果汇总表。

    5 ××工程白蚁防治施工图片集。

    6 ××工程白蚁防治施工过程的质量评定、验收等相关资料。

    7 ××工程白蚁防治项目合同书复印件。

附录 A　白蚁防治实施记录汇总表（样表）

_____（工程项目）　_____（　年　月）白蚁防治实施记录汇总表

填报单位：

段区名称（桩号）	Y上 /m	Y下 /m	堤坝长 /公顷	蚁源区面积 /公顷（ m）	用工数 /人天	普查灭杀堤坝白蚁											普查灭杀蚁源区白蚁												整理		
						分群孔	泥被泥线		投放诱饵	投设诱杀片				灭杀家白蚁	灭杀白蚁致死出菌 小计		分群孔	泥被泥线		灭杀家白蚁	灭杀白蚁致死出菌 小计		灭杀白蚁致死出菌 合计	解剖蚁巢	灌浆回填
						施药 /巢	灭杀白蚁致死出菌 施药 /处	/巢	投放诱饵 /条	初设 /片	转移 /片	增设 /片	检查次数 /次	/巢	/巢	蛀食 /片	施药 /巢	施药 /处	灭杀白蚁致死出菌 /巢	灭杀家白蚁 /巢	/巢	/巢	/巢	/巢	/巢
合计																									

制表人：

施工方代表：　　　　　业主方代表：

说明：Y上、Y下—表示上、下游坡普查灭杀白蚁位置垂直对应桩号的距离。

六　水利工程白蚁防治建设监理报告编制大纲
（监理单位）

目 次

1 总　则

1.0.1 为做好广东省水利工程白蚁防治工作，规范和指导水利工程白蚁防治建设监理报告的编制，制定本大纲。

1.0.2 本大纲适用于广东省内大、中型水利工程白蚁防治建设监理报告的编制，小型水利工程可参照执行。

1.0.3 本大纲所称白蚁防治建设监理报告是指水利工程白蚁防治单项工程完工后由监理单位编制的建设监理总结报告，并作为工程完工验收资料之一提交业主单位。

1.0.4 新建、改建、扩建、除险加固、达标加固等水利工程的白蚁防治工程由土建工程监理人员负责监理。

1.0.5 白蚁防治建设监理报告应包括以下内容：

1　项目概况。

2　监理规划。

3　监理过程。

4　监理效果。

5　工程评价。

6　经验与建议。

7　附件及有关资料。

1.0.6 本大纲主要引用以下标准：

SL 223《水利水电建设工程验收规程》

1.0.7 水利工程白蚁建设监理报告编制，除应符合本大纲标准外，尚应符合国家现行有关标准的规定。

2 项　目　概　况

2.1 水　利　工　程　概　况

2.1.1 简述白蚁防治项目所在的水利工程名称、地理位置、水文气象、地形地貌、土壤、植被等。

2.1.2　简述水利工程任务、工程规模、工程等别、工程布置及主要建筑物、管理设施等。

2.2　白蚁防治范围、标准

2.2.1　简述水利工程本次白蚁防治范围。
2.2.2　简述本次白蚁防治执行的防治标准。

2.3　主要工程量和工期

2.3.1　简述白蚁防治项目施工合同提出的主要工程量。
2.3.2　简述白蚁防治合同工期、关键节点工期要求等。

2.4　相关参建单位

2.4.1　简述白蚁防治项目相关参建单位，主要包括水利工程项目法人、管理单位、白蚁防治专题设计单位、施工单位、监理单位、质量监督单位、项目主管单位等。
2.4.2　新建、改建、扩建、除险加固、达标加固水利工程的白蚁防治工程，还需简述主体工程设计、施工、监理等单位。

3　监　理　规　划

3.1　监　理　依　据

3.1.1　白蚁防治相关技术标准及规定。
3.1.2　白蚁防治相关文件、合同，包括白蚁防治专题设计文件、施工合同、监理招标文件及监理合同、经批准的白蚁防治技术方案等。

3.2　监　理　机　构

3.2.1　介绍监理组织机构设置，可用文字或框图表示。
3.2.2　简述监理人员的总监、副总监、监理工程师、监理员等名单及资格（可列表说明），说明各监理人员的岗位职责。

3.3　监理制度和实施细则

3.3.1　说明白蚁防治项目监理机构制定的各项规章制度，包括监理日志（月报）制度、项目管理会议制度、安全生产管理制度、质量检验制度、档案管理制度等。

3.3.2　根据工程的实际情况，说明白蚁防治各工序的监理实施细则。

3.4　检测方法和设备

3.4.1　简述监理检测采用的方法，并说明监理过程中检测项目内容及要求。

3.4.2　说明在本工程项目监理过程中，监理机构投入的主要仪器设备（可列表说明）。

4　监理过程

4.1　进度控制

4.1.1　简述白蚁防治施工进度计划及进度控制目标。

4.1.2　以各时间阶段、各施工工序，分别描述白蚁防治进度控制措施。

4.2　质量控制

4.2.1　简述白蚁防治施工质量控制目标，包括从原材料到各阶段、施工工序的质量控制目标。

4.2.2　分别描述白蚁防治施工前、施工过程中、原材料、施工后等质量控制措施，包括施工过程中主要施工部位的旁站、巡视，以及各阶段验收质量控制措施。

4.3　投资控制

4.3.1　以白蚁防治施工合同和设计文件为依据，说明投资控制目标。

4.3.2　从工程计量、价款结算、变更处理等方面说明投资控制措施。

4.4　合同及信息管理

4.4.1　叙述各类合同的签订（合同名称、编号）、使用的合同示范文本、合同纠纷的处理情况及合同管理成效等。

4.4.2　说明白蚁防治资料的收集与管理、信息的传递与应用、计算机辅助管理等，监理资料管理制度，列表说明监理资料统计结果。

4.5　组　织　协　调

4.5.1　组织协调主要包括对工程参建各方的工作协调，与地方政府、部门，以及施工区周边外部环境的协调。

4.5.2　说明协调工作的主要内容、协调原则和方法。

4.6　安全生产、文明施工管理

4.6.1　叙述监理单位本身的安全生产控制体系，落实监理安全生产责任制。

4.6.2　叙述督促施工单位及其他现场参建单位建立健全安全生产、文明施工保证体系的各种措施。

4.6.3　叙述白蚁防治施工过程中的安全生产、文明施工管理工作，包括和业主单位定期组织安全生产检查、召开安全生产会议、发现的隐患及处理情况等。

5　监　理　效　果

5.0.1　简述白蚁防治项目进度控制目标实现情况，并分析原因。

5.0.2　简述白蚁防治项目质量控制目标实现情况，包括各关键工序工程质量检验与评定情况等。

5.0.3　简述白蚁防治项目投资控制目标实现情况。以合同为基准，设计为依据，以工程量及投资额的增减数据说明投资是否控制在批复的投资额内。

5.0.4　简述安全生产控制效果，生产过程是否发生人员伤亡事故。

6　白蚁防治项目评价

6.0.1　简述白蚁防治单位自检情况和建设单位复查情况。

6.0.2　评价白蚁防治效果是否达到合同要求，相关验收资料是否按验收条件及合同约定制备完成，给出是否同意提交验收委员会验收的结论。

7　经 验 及 建 议

7.0.1　简述本次监理工作中的成功经验，应该吸取的教训。

7.0.2　提出工程今后安全、运行维护等方面的建议。

8　附 件 及 有 关 资 料

8.0.1　监理机构设置与主要工作人员情况表。

8.0.2　白蚁防治建设监理大事记。

七　水利工程白蚁防治建设管理报告编制大纲
（建设单位）

目　　次

1　总　　则

1.0.1　为了做好广东省水利工程白蚁防治工作，规范水利工程白蚁防治建设管理报告编制，明确白蚁防治建设管理报告的内容和要求，制定本大纲。

1.0.2　本大纲适用于广东省行政区域内大、中型水利工程白蚁防治项目建设管理报告的编制，小型水利工程可参照执行。

1.0.3　凡是有蚁害的新建、已建的水利工程在实施白蚁防治后，均应由建设单位编制相应的建设管理报告，并作为工程完工验收资料之一提交验收单位。

1.0.4　白蚁防治建设管理报告应包括以下内容：

1　概述。

2　白蚁防治简况。

3　项目管理。

4　工程质量。

5　安全生产及文明施工。

6　验收情况及存在问题处理。

7　经验及建议。

8　附件及有关资料。

1.0.5　本大纲主要引用以下标准：

SL 223《水利水电建设工程验收规程》

SL 176《水利水电工程施工质量检验与评定规程》

1.0.6　水利工程白蚁防治建设管理报告编制除应参照本大纲要求外，尚应符合国家现行有关标准的规定。

2　概　　述

2.1　水利工程概况

2.1.1　简述白蚁防治项目所在的工程名称、地理位置、水文气象、地形地貌、土壤、植被等。

2.1.2　简述水利工程任务、工程规模、工程等别、工程布置及主要建筑物、管理设施等。

2.2　历次白蚁防治工作情况

2.2.1　简述水利工程历次（最近5～8年）白蚁防治工作情况，包括白蚁蚁害位置、防治时间、白蚁防治技术方案、防治费用、验收情况及防治效果等。

2.2.2　简述水利工程运行期管养维护及日常白蚁防治情况。

2.3　本次白蚁防治项目的缘由及立项批复文件

2.3.1　简述实施本次白蚁防治项目的缘由，近期白蚁蚁害安全鉴定过程及结论。

2.3.2　说明本次白蚁防治项目立项及批复情况。

2.4　白蚁防治责任范围及标准

2.4.1　说明本次白蚁防治范围，包括蚁患区、蚁源区以及水利工程其他附属设施等。

2.4.2　说明本次白蚁防治应达到的验收标准，具体依据《广东省水利厅关于水利工程白蚁防治的管理办法》。

2.5　白蚁防治工程投资及工期

2.5.1　简述本次白蚁防治主要工程量及工程投资。

2.5.2　简述本次白蚁防治施工工期。

3　白　蚁　防　治　简　况

3.1　蚁　情　检　查

3.1.1　简述对工程以往白蚁种类、危害程度、防治效果等调查情况。

3.1.2　说明本次蚁情检查时间、检查范围、检查内容、检查方法、检查结果及危害程度、鉴定结论等内容。

3.2　白　蚁　防　治　施　工　过　程

3.2.1　详细说明白蚁防治采用的技术方案及实施过程。

3.2.2　对存在白蚁危害的水利工程，统一执行"三环节八程序"堤坝白蚁系统防治技术措施。

3.2.3　对水利工程管理用房和防汛物资仓库的白蚁防治则参考《广东省新建房屋白蚁预防技术规程》技术进行防治。

3.3　主要施工设备及药物

3.3.1　列出在施工过程中主要施工设备，包括白蚁检测设备、白蚁预防器械、白蚁灭治器械、对巢灌浆器械和其他辅助工具。

3.3.2　列出在施工过程中主要投放药物，包括白蚁预防药物和白蚁灭治药物。

3.4　重要问题处理

3.4.1　简述对白蚁防治施工工期和施工质量有影响的事件。如气候变化、不可抗力或人为因素造成的工程停工、防治效果不佳等问题及处理结果。

3.4.2　简述因各种原因造成的设计变更及其批复情况，如由于施工条件、防治技术方法发生变化或其他原因，导致对原技术方案进行调整而做出的设计变更。

4　项　目　管　理

4.1　机构设置及工作情况

4.1.1　简述建设单位（项目法人）及其内设机构、现场管理机构设置情况，人员编制、工程职责和工作方式等。

4.1.2　简述白蚁防治专题编制单位（设计单位）及其现场机构（设代组）设置情况，设计交底，现场配合和及时进行设计变更等有关情况。

4.1.3　简述监理单位及其现场机构设置情况，现场监理人员到位人数及职称，工作职责和工作方式、职权。

4.1.4　简述负责本工程的质量监督单位职责，质量监督内容和方式等。

4.1.5　简述施工单位及其现场机构设置情况，投入的白蚁防治技术人员数量及职称等。

4.2 项 目 发 承 包

4.2.1 简述白蚁防治项目采取的发包形式，并说明缘由。

4.2.2 采用公开招标的应简述招标公告发布、招标文件发售，工程现场查勘、开标和评标时间与方式，评标委员会组成情况及评标方法，中标单位的确定，合同签订等情况。

4.2.3 对于采用政府采购、竞争性谈判、单一来源、询价等其他方式的，说明发承包过程。

4.3 投资概算与完成情况

4.3.1 简述白蚁防治项目总投资概算、资金来源及到位情况。

4.3.2 说明白蚁防治项目已完成的工程量及投资额。

4.4 合 同 管 理

4.4.1 简述项目法人与施工单位签订的合同类型、合同主要内容及执行情况等。

4.4.2 简述项目法人与设计、监理单位签订的设计、监理合同类型及执行情况。

4.5 档 案 资 料 管 理

4.5.1 简述本项目建立的涉及设计、监理、施工等档案资料管理制度。

4.5.2 简述本次白蚁防治从前期工作至验收所收集的档案资料整编、归档情况。

4.6 费用支付与合同价款结算

4.6.1 简述白蚁防治预算经费，工程预付款、期中支付、价款结算等情况。

4.6.2 说明剩余工程款支付计划安排。

5 工 程 质 量

5.1 工 程 质 量 管 理 体 系

5.1.1 项目法人依据职责范围对设计、监理、施工单位的质量保证体系的建立与执行，进行监督与管理。叙述具体的保证措施与落实情况。

5.1.2 简述监理单位的质量控制体系，监理规划、监理实施细则的编制与执行情况，对工程质量的控制与管理措施。

5.1.3 简述设计单位的质量保证体系，设计交底、现场服务的工作质量保证措施等。

5.1.4 简述施工单位在施工过程中的质量管理体系、质量负责人，"三环节八程序"系统防治技术落实情况，施工中出现的质量问题处理措施和结果等。

5.2 质量控制和检测

5.2.1 简述白蚁防治质量控制遵循的技术规范、技术条款和特殊技术要求等。

5.2.2 说明白蚁防治工程质量检查、检测内容，主要包括防治药物质量合格证明检查、药物抽检、对巢灌浆充填度抽查等，列表表示主要检测项目的数据（监理抽检、质量监督检测等）。

5.3 工程项目划分和质量评定

5.3.1 简述白蚁防治工程项目划分原则和结果。

5.3.2 白蚁防治项目应结合水利工程结构特点、工程部位、蚁患分区等划分为单位工程、分部工程、单元工程，具体应符合 SL 176—2007《水利水电工程施工质量检验与评定规程》的规定。

5.3.3 依照有关规程规范要求，对单元工程、分部工程质量进行评定，说明经施工单位自评和监理单位复评的单元工程、分部工程质量评定结果（可列表说明）。

6 安全生产与文明施工

6.1 安全生产管理

6.1.1 简述项目法人、设计单位、监理单位、施工单位的安全生产责任人、制度执行情况。

6.1.2 简述建设单位在白蚁防治施工前进行的安全检查、施工过程中的现场监督情况。

6.1.3 简述白蚁防治施工过程中发生的安全生产事故，记录处理过程，说明处理结果和经验教训。

6.2 文明施工及环境保护

6.2.1 简述白蚁防治施工现场文明施工的管理制度和保证措施。

6.2.2 简述白蚁防治施工现场环境保护的管理制度和保证措施。

7 验收情况及存在问题处理

7.1 施工单位自检情况

7.1.1 在实施白蚁防治措施后，说明施工单位自检的标准、时间、过程。

7.1.2 说明自检的结果，并给出白蚁防治效果是否达到相关技术标准及合同要求的结论。

7.2 建设单位复查验收情况

7.2.1 在施工单位自检基础上，说明建设单位复查的情况，一般包括以下内容：

    1 蚁情检查情况。

    2 蚁巢充填情况。

    3 蚁患影响情况。

7.2.2 说明建设单位复查验收结论。

7.3 存在问题处理情况

7.3.1 对照批准的白蚁防治工程建设内容、合同要求及相关技术标准，检查有无遗漏项目及存在问题。

7.3.2 针对复查验收发现的问题和不足，提出处理意见。

8 经验与建议

8.0.1 综合评价白蚁防治措施的防治效果，总结本次白蚁防治项目实施过程中成功的经验，发现的问题。

8.0.2 说明本次白蚁防治发现的主要问题，应该吸取的教训，对白蚁防治过程中的主要技术、管理等问题提出建议。

8.0.3 提出验收后对工程运行维护中白蚁防治工作的建议。

9 附件及有关资料

9.0.1 项目法人机构设置及主要工作人员情况表（见附录 A）。

9.0.2 白蚁防治专题报告的审查、批准文件。

9.0.3 建设单位复查验收报告。

附录 A 项目法人机构设置及主要工作人员情况表格式

白蚁防治项目法人机构设置及主要工作人员情况表

分工	姓名	单位全称	职务/职称	备注
成员				
	……			

八　水利工程白蚁防治
验收报告编制大纲
（验收单位）

目　　次

1　总　　则

1.0.1　为做好广东省水利工程白蚁防治工作，规范和指导水利工程白蚁防治验收报告的编制，制定本大纲。

1.0.2　本大纲适用于广东省内大、中型水利工程的白蚁防治验收，小型水利工程可参照执行。

1.0.3　本大纲所称白蚁防治验收指水利工程白蚁防治单项工程完工验收。白蚁防治项目建设任务完成后，要及时进行完工验收；纳入基建项目的白蚁防治工程验收不合格，主体工程竣工验收不得合格。

1.0.4　验收报告应由水利工程白蚁防治单项工程完工验收主持单位或验收委员会编制。

1.0.5　验收由白蚁防治施工单位提出申请，由业主单位组织，验收结论及验收资料应报该工程水行政主管部门备案。

1.0.6　申请验收时，应当提交以下资料：

　1　施工合同。

　2　防治方案。

　3　施工过程资料（含照片、视频资料）。

　4　施工总结报告。

　5　复查报告。

　6　业主意见。

1.0.7　白蚁防治工程验收工作应包括以下内容：

　1　检查合同范围内工程项目和工作完成情况。

　2　检查验收资料整理情况。

　3　评价白蚁防治施工质量和效果。

　4　检查历次验收遗留问题的处理情况。

　5　对验收中发现的问题提出处理意见。

　6　讨论并通过白蚁防治工程验收报告。

1.0.8　验收时须成立验收专家组，专家组参照蚁害安全鉴定专家组要求组成。

1.0.9　验收标准、原则如下：

　1　按合同确定的防治范围、防治方案完成防治任务。

2 提交的验收资料齐全。

3 防治效果达到合同要求。

1.0.10 白蚁防治验收报告应包括以下内容：

1 前言。

2 工程概况。

3 合同执行情况。

4 工程质量评定。

5 历次验收遗留问题处理情况。

6 存在的主要问题和处理意见。

7 档案资料整理情况。

8 验收结论及意见。

9 附件及有关资料。

1.0.11 本大纲主要引用以下标准：

　　SL 223《水利水电建设工程验收规程》

　　SL 176《水利水电工程施工质量检验与评定规程》

1.0.12 水利工程白蚁防治验收报告编制，除应符合本大纲要求外，尚应符合国家现行有关标准的规定。

2 前　　言

2.1 验　收　依　据

2.1.1 简述主管部门对白蚁防治工程验收的相关要求及文件依据。

2.1.2 说明白蚁防治验收所依据的主要技术规范和标准。

2.2 验　收　机　构

2.2.1 简述验收组织机构及监督管理机构。

2.2.2 说明验收委员会、验收专家组人员组成及相关资格情况。

2.2.3 说明验收列席人员组成情况。

2.3 验　收　过　程

2.3.1 说明白蚁防治验收工作的主要内容。

2.3.2 说明验收主要过程，包括验收时间、地点及程序。

3 工 程 概 况

3.1 概　　述

3.1.1 简述水利工程名称、地理位置、工程任务和规模、主要建筑物等。

3.1.2 简述水利工程白蚁防治建设管理单位及白蚁防治施工单位。

3.2 白 蚁 防 治 任 务

3.2.1 简述水利工程白蚁防治责任范围。

3.2.2 说明白蚁防治方案及主要内容。

3.3 白 蚁 防 治 过 程

3.3.1 简述工程开、完工日期及其他关键节点（如白蚁灭治、灌浆等）日期。

3.3.2 说明白蚁蚁情检查情况及结果。

3.3.3 说明白蚁灭治和预防措施施工过程。

4 合 同 执 行 情 况

4.1 合 同 管 理

4.1.1 说明工程采用的合同类型，采用单价、总价或其他承包合同方式。

4.1.2 说明合同执行结果，包括实际完成的合同额、工期和投资控制情况等。

4.2 工 程 完 成 情 况

4.2.1 简述白蚁防治工程完成情况。

4.2.2 说明白蚁防治工程实际完成的工程量及与合同工程量的对比情况。

4.3 结 算 情 况

4.3.1 简述合同价款的结算方式。

4.3.2 说明工程已经计量及支付的工程款、未支付的工程款及计划安排等。

5 工 程 质 量 评 定

5.1 工 程 质 量 评 定

5.1.1 简述白蚁防治工程项目划分情况。

5.1.2 说明经施工单位自评和监理单位复评的单元工程、分部工程质量评定结果（可列表说明）。

5.2 工 程 质 量 检 测

5.2.1 简述白蚁防治工程药物检查、检测内容，主要包括防治药物质量合格证明检查、药物抽检、对巢灌浆充填度抽查等。

5.2.2 列表表示主要检测项目的数据（监理抽检、质量监督检测等）。

5.2.3 根据上述检测内容分析评定水利工程白蚁防治中执行"三环节八程序"施工质量情况。

5.3 检查、监测成果分析

5.3.1 查阅工程管理单位日常检查、定期普查、专项检查情况，并对检查成果进行分析。

5.3.2 有条件并已安装白蚁监测系统的水利工程还应对监测成果进行分析。

6 自 检 复 查 情 况

6.1 施 工 单 位 自 检 情 况

6.1.1 在实施白蚁防治措施后，说明施工单位自检的标准、时间、过程。

6.1.2 说明施工单位自检的结果。

6.2　建设单位复查验收情况

6.2.1　简述执行广东省"三环节八程序"防治技术灭蚁并对巢灌浆后，在堤坝体及其周边 50m 范围内，多次寻找是否存在白蚁活动迹象而进行的蚁情检查情况。

6.2.2　简述蚁巢充填灌浆抽查情况，分析说明充填度是否达到要求或蚁巢洞穴是否妥善补填复灌。

6.2.3　说明在挡水位超过正常水位或工程加固灌浆时，是否存在因蚁患造成漏水、漏浆等现象（蚁患影响）。

6.2.4　说明建设单位复查结论。

7　存在的主要问题及处理意见

7.0.1　对照批准的白蚁防治工程建设内容、合同要求及相关技术标准，检查有无遗漏项目及存在问题。

7.0.2　针对验收发现的问题和不足，提出处理意见。对责任单位提出具体要求，明确应补充完善的措施和完成的期限。

8　档案资料整理情况

8.0.1　检查施工合同、防治方案、施工过程资料（含照片、视频资料等）及其他验收备查资料是否完善。

8.0.2　检查施工总结报告、复查报告等成果的内容及深度是否满足相关验收规程要求。

8.0.3　根据资料检查情况，给出所提供的资料是否满足验收要求的结论。

9　验收结论及意见

9.0.1　简述验收专家组现场检查验收情况。

9.0.2　根据水利工程白蚁防治验收标准、原则，给出是否通过验收的综合结论。

9.0.3　提出工程验收后，对工程管理及运行维护的建议。

9.0.4　对白蚁防治验收存在保留意见的，应记载保留意见，并由其本人签字。

10　附件及有关资料

10.0.1　验收组成员及参加验收单位代表签字表。

10.0.2　验收应提供的资料清单，包括施工单位向业主提供的档案资料、参建及运行管理单位提供的资料等。

10.0.3　备查资料目录，主要包括白蚁防治工程各阶段的相关文件，如招投标文件、合同文件、蚁害鉴定及白蚁防治专题设计文件、施工质量评定资料、重要会议纪要等。

九 广东省水利工程无蚁害堤坝鉴定验收意见书（修订）

编号：

工 程 名 称：＿＿＿＿＿＿＿＿＿

工程管理单位：＿＿＿＿＿＿＿＿＿

鉴定验收单位：＿＿＿＿＿＿＿＿＿

验 收 时 间：＿＿＿＿年＿＿月＿＿日

填 表 说 明

一、工程概况：应填明水利工程建设时间、规模及功能，续建、加固情况，现状工程规模、防洪标准及特征水位，主要建筑物组成及其特征参数，运行中的主要问题等情况。

二、白蚁防治计划落实情况：填明水利工程管理单位制定的一定时期防治计划安排，并按计划组织实施落实的情况。

三、白蚁防治经费落实情况：填明项目防治经费资金来源及构成，资金使用计划及落实情况等。

四、白蚁防治效果：分析白蚁防治效果，填明是否能够及时发现白蚁蚁情并有效处置隐患；根据水利工程的任务和重要性，分析产生的社会经济效益。

五、白蚁防治档案：主要填明水利工程管理单位已建立的白蚁防治档案，包括：①工程兴建时清基处理蚁害情况；②竣工后发现白蚁（尤以出现分群孔）时间、蚁种、坐标位置、危害程度，治理措施及效果；③当前工程蚁害状况；④档案资料整理情况。

六、工程白蚁防治简况：主要填明采用的白蚁防治技术方案，执行广东省"三环节八程序"堤坝白蚁防治技术，坚持防治工作的连续性，在一宗工程上连续实施两年，每年不少于18次循环，并扼要记录实施过程。

七、自检与复查情况：按《广东省水利工程白蚁防治技术指南》无蚁害堤坝标准，由业主（工程建设或管理单位）自检合格后，自行选择当地白蚁最喜食物作饵料，采用规定的引诱物，经3次以上复查未发现白蚁取食时，按要求整理资料及书面总结，办理申报达标验收报告。

八、复检和验收情况：由验收专家组对业主（工程管理、建设单位）报送的达标报告材料进行审核，组织复检后进行鉴定验收。

九、鉴定结论：应根据无蚁害堤坝验收条件，由专家组作出鉴定验收结论。

十、意见书中栏目填不下时，可适当调整或扩大。

工程名称		建成时间	
所在地点		所在河流	
工程管理单位		工程主管部门	

工程概况：

项目人员	姓名	工作单位	职务	职称	电话
分管领导					
项目负责人					
白蚁防治 小组成员					
专职白蚁防治 技术人员	技师			技工	
	高级：　人	技师：　人	高级：　人	中级：　人	初级：　人
白蚁防治计划 及落实情况					
白蚁防治经费 落实情况					
白蚁防治效果					

白蚁防治档案	工程兴建时清基处理蚁害情况	
	竣工后历次白蚁防治情况	
	当前工程蚁害状况	
	档案资料整编情况	

工程白蚁防治简况	白蚁防治方案	
	防治实施情况	

验收情况	自检与复查情况	
	复检和验收情况	

鉴定验收结论：

专家组组长（签名）：　　　　　　　　　年　月　日

＿＿＿＿＿＿＿＿＿＿＿＿＿＿工程无蚁害堤坝鉴定验收专家组成员表

姓名	专家组职务	工作单位	职称	职务	从事专业	签名

参 考 文 献

［1］ 田伟金，涂金良，杨悦屏，等. 堤坝白蚁防治教程［M］. 广州：中山大学出版社，2016.

［2］ 陈振耀，姚达长. 水利白蚁防治［M］. 广州：中山大学出版社，2011.

［3］ 莫建初. 堤坝白蚁防治技术［M］. 北京：化学工业出版社，2010.

［4］ 中华人民共和国住房和城乡建设部. JGJ/T 245—2011 房屋白蚁预防技术规程［S］. 2011.

［5］ 中水淮河工程有限责任公司（水利部淮河水利委员会规划设计研究院）. SL 223—2008 水利水电建设工程验收规程［S］. 2008.

［6］ 黄河勘测规划设计有限公司. SL 481—2011 水利水电工程招标文件编制规程［S］. 2011.

［7］ 广东省水利厅，广东省水利工程白蚁防治中心. 广东省水库大坝和河道堤防白蚁防治情况普查报告［R］. 广州：广东省水利厅，2011.

［8］ 潘运方，蔡美仪，李国亮，等. 2013年广东省水利工程白蚁防治工作调研报告［R］. 广州：广东省水利工程白蚁防治中心，2013.

［9］ 广东省昆虫研究所，广东科建白蚁虫害防制有限公司. DB44/T 857—2011 新建房屋白蚁预防技术规程［S］. 2011.

［10］ 李彬. 广东省水利厅印发堤坝白蚁防治管理办法和堤坝白蚁防治技术指南［J］. 广东水利水电，2015（9）：66-69.

［11］ 潘运方. 广东省水利水电工程白蚁防治项目建设管理探讨［J］. 广东水利水电，2014（2）：26-32.

［12］ 蔡美仪. 广东省水利工程白蚁防治现状、问题及对策［J］. 广东水利水电，2013（12）：51-53.

［13］ 苏忠辉. 水利工程白蚁防治施工管理报告编制的探讨［J］. 广东水利水电，2013（12）：57-59.

［14］ 叶合欣，刘毅，潘运方. 广东省堤坝白蚁防治情况普查成果及防治对策探讨［J］. 广东水利水电，2011（12）：17-20.

［15］ 刘毅，潘运方. 水利工程白蚁蚁害鉴定报告编制的探讨［J］. 广东水利水电，2016（10）：55-58.

［16］ 刘毅，潘运方. 广东省水利工程白蚁防治有关问题的探讨［J］. 科技创业家，2012（8）：184-186.

［17］ 基成萍，陈家元，阚宗永. 浅谈做好白蚁防治的安全生产工作［J］. 城市害虫防治，2007（1）：37-39.

［18］ 任庆伟，宋立，阮冠华，等. 白蚁防治工程质量管理体系建设的研究［J］. 中华卫生杀虫药械，2015，21（1）：71-73，76.

［19］ 庞正平，刘建庆. 白蚁监测控制技术及药剂的应用［J］. 中华卫生杀虫药械，2008，14（5）：404-407.

［20］ 吴宏和. 白蚁危害及防治对经济的影响［J］. 中山大学学报论丛，1999（4）：66-69.

［21］ 赵红许. 水库堤坝白蚁危害调查及防治措施［J］. 河南水利与南水北调，2016（6）：135-136.

［22］ 范连志. 对加强水利工程白蚁危害防治工作的几点建议［J］. 中国水利，2016（14）：38-39.